不上班賺更多

複合式職涯創造自主人生，生活不將就、工時變自由

THE MULTI-HYPHEN METHOD

Work less, create more, and design a career that works for you

艾瑪・甘儂 EMMA GANNON——著　趙睿音——譯

目錄

各界讚譽

投身複合式工作，追求財富自由

——朱楚文／財經主持人、作家

「斜槓」一詞最近大受關注，背後代表著多重工作型態、自由和彈性，令不少人嚮往，也可算是科技對職場人生顛覆的一種革命。然而，斜槓看似夢幻，實際踏上這段旅程卻也因為陌生，缺乏前人傳授經驗，存在許多挑戰關卡。

就如同事情總是有兩面，能自由彈性在任何時間工作，也意味著工作與生活的界線愈來愈模糊；沒有上級與公司框架，工作內容和定義看似發展無限，卻也可能因為不懂工作拿捏界線和自我規劃，而變成工作量超過負荷、身心俱疲反而更不自由。

我離開主播台後，開啟斜槓的人生旅途，身兼廣播節目主持人、作家、自由接案的工作者（活動主持或行銷專案），格外感受到多重職涯身分確實帶來好處與挑戰，雖然工作更有彈性，但同時身兼自己工作的行銷、業務、專案執行者，也容易讓生活全被工作占滿，反而失去當初追求更理想生活的職涯轉換初衷。而這過程中，也讓我重新思考，斜槓是否應該只能算是一種自我進化過程，而非美好的職涯夢想終點？

在這本《不上班賺更多》一書中，作者用犀利的筆觸，點出其實「自己到底想過什麼樣的生活」，以及「打造財富自由的人生」才應該是我們在職涯與人生中追求的理想終極目標。「要如何才能排除聲浪、建立年資、創造出我們的成功定義？」、「在這個人家要求我們追逐無止境終點線的世界上，我們該如何才能更快樂、更充分地發揮自我？」作者點出的這些疑惑，正是我們每一個人應該問自己的問題。

而作者以「複合式工作」稱呼取代「零工經濟」或「斜槓」，其實也是透過自身經驗，提醒所有讀者，我們真正該追求的是複合式工作，而非零工經濟和斜槓，因為兩者有所不同，複合式工作具備更明確的三個原則：隨時跟上時代趨勢、打造自己多重收入來源組合與致力於追求更大效能（以最少時間創造最多價值，無論有形或無形），而不只是自由接案與多重身分而已。

看完整本書，我覺得複合式工作法跟追求財富自由是一條相似路徑。而書中除了以嶄新觀點顛覆我們對於斜槓和自由工作者的概念外，更實際討論複合式工作如何從零打造，以及十大掌握要領，包括：如何找出自己的獨特混合（定位）、培養一群微型群眾（社群經營）、行銷個人品牌技巧、工作和生活安排策略，及善用精力和微型行動與思考等，對於投身到複合式工作，打造自己職涯新面貌、拿回自己職涯主導權的人來說，是一本極具價值的參考手冊。讀完這本書，不僅能顛覆舊有思考，也獲得面對未來挑戰的策略與勇氣，推薦一讀。

歡迎加入複合式工作者的行列，勾勒自己的成功模式

——鄭緯筌（Vista）／「內容駭客」網站創辦人

如果您平常關心時事，也留意全球職場趨勢的變化，想必一定聽過「自由工作者」、「斜槓」以及「零工經濟」這幾個時興的名詞吧？倘若您和我一樣也喜歡看書的話，或許對以下這幾本書也不陌生。

從二〇一六年的《就業的終結：你的未來不屬於任何公司》、二〇一七年的《斜槓青年：全球職涯新趨勢，迎接更有價值的多職人生》，到二〇一八年的《零工經濟來了：搶破頭的MBA創新課，教你勇敢挑戰多重所得、多職身分的多角化人生》……伴隨這些書籍的問世，不但揭櫫了就業終結的時代已然來臨，同時也預告了各種多元的工作型態，即將以不同的樣貌出現在我們的日常生活中。

「零工經濟」的興起，被視為是二十一世紀乃至未來的一種工作型態。而來自日本麥肯錫公司的顧問瀧本哲史，甚至期勉大家應該努力成為跨領域的專業人才。意思是我們除了需要具備專業知識與經驗之外，也得養成跨領域的知識與經驗，方能據此在這個多變的時代倖

存，並提出令業主滿意的各種解決方案。

最近，很高興得知時報出版引進英國新世代工作者艾瑪・甘儂所撰寫的《不上班賺更多》一書。當我迅速地瀏覽完這本書之際，赫然發現作者試圖解答以下兩個在職場上常見的問題：

第一個問題，這個世界上的許多工作正在發生變化，我們要如何因應與跟上？

第二個問題，我們也許有能力按照自己的條件，在想要的時間和地點賺錢。但是，該從哪裡開始呢？

這位女作家相當地年輕，今年夏天才剛屆滿三十歲。她離開媒體的工作之後，從二〇一六年開始轉而投向網路的懷抱，不但架設自己的網站，還身兼部落客與播客的身份，甚至透過推特和雇主聯繫。如今，她不但發展出多項的副業，其播客節目更是擁有超過四百萬名聽眾，可說是成果斐然。

讀這本書讓我感覺很親切，又有幾分熟悉感。我想，也許是因為本書作者的經歷和自己有幾分相像吧？我們同樣出身媒體，但又具有部落客的網路身分。當然，也基於多面向發展職場經歷的緣故，讓我們得以順理成章地成為複合式工作者，並且透過靈活工作的風格，兼顧生活品質和彈性工時。

回想我自己的工作經驗，其實也是在離開朝九晚六的媒體工作之後，轉型成為企業顧問、職業講師和專欄作家，同時用自己喜歡的方式來經營我的部落格「內容駭客」（https://www.contenthacker.today/）以及網路社群「Vista 讀書會」（https://www.vistabook.club/）。

這一路走來，也曾有很多朋友問過我，當初為何要離開網路產業或媒體的工作？難道是碰到了天花板嗎？其實不然。看完這本書，我才恍然大悟——或許我跟本書作者一樣，只是想要找回失去的時間和自由罷了！還有一點很重要，那就是我想要定義自己的成功模式，而不希望被傳統的職涯發展或價值觀所框限。

在這個詭譎多變的數位時代裡，如果您也想要拿回人生的自主權，甚至不只是想當一個平凡、庸碌的上班族，我很樂意向您推薦《不上班賺更多》這本好書。當然，我更歡迎您一起加入複合式工作者的行列！

從二〇一九年起，我從「作家」跨到另一個維度，多了一個斜槓：當「教練」，教大家做斜槓，多一個複業，多一份收入，學習過複合式人生。一直以來，很多人都會來找我做職涯諮詢，跟我請教怎麼「找工作」，現在我都會給他們一個顛覆性的全新觀念：「找工作，不如找收入。」

在零工經濟來臨、非典型就業人口不斷擴大的今天，找一份正職工作愈來愈難，尤其中年以後更是四處碰壁，必須改變求職的思維不可，否則會走到死胡同，出不來！當拿掉「找工作」的框架，變成「找收入」之後，思考的邊界一下子拓寬不少，可能性增加很多，我驚喜地發現一個事實，自己的技能裡居然藏有不少賺錢的管道，個人的潛能也得以藉此發揮，這才是最完美的生涯模式！

是的，我鼓勵每個人從「受僱階級」解放出來，在下班之餘，重新思考「自己僱用自己」這一條路，這才是上班族的康莊大道、拯救生涯危機的一張安全網。

——洪雪珍／斜槓教練

在這個時代，沒有人想討好別人，只想好好做自己，但總會有各種外部因素，逼得自己難以正視自己內心的聲音。

過去我也有段時間，曾經歷過這樣的掙扎，身處在辦公室裡，短時間就能把事情做完、做好，但就是有種手腳被綁架的不舒服感，寫下這篇推薦文的時候，正好是我工作以來第一次「裸辭」給自己一段沉澱期的時期，也已經完成三個月十五家出版社合作、每個月兩場演講的階段。因此，我完全不迷惘，反而愛上掌握人生的感覺，當他人詢問我下一階段規劃時，我也能自信地給出一個明確的方向，往往對方都能理解，並說出「我真的很替妳開心」，因為這些朋友都知道我曾克服什麼樣讓心靈受傷的挫折。

但我也發現，把自己空出來，拋到市場上，才知道有多少人願意出價買自己的技能，而往往我們都低估了自己。這本書整理出了跨世代的思維與作者本身多重收入的經歷，相當有實證性，我也鼓勵各位迷惘找尋自己的人們，不要害怕跨出舒適圈，去做自己真正熱愛的事情，「倘若社會要為我們貼上標籤，讓我們就跑得讓人來不及貼上！」

——少女凱倫／個人品牌經營家

這本書點出了，近年被廣為推崇的「斜槓人生」、「零工經濟」的根本問題，就是太過單一或簡單地歌頌做網紅、擁有副業、成為自由接案者等的種種好處。事實上，作者更積極提出了「複合式職涯」的觀點。這個觀點將更有利於每一位上班族，在做人生職涯規劃時，做最適配的投資組合。因為，「複合式工作」不僅強調科技賦予自己更多力量，同時應在每個單位效率、成本上，創造出更大價值。當你讀完這本書後，你就懂得如何重新評估在事業、家庭、生活中，如何取得不同的工具組合。好讓自己在快速變遷的時代中，不至於過時，並賺更多錢，贏得更多自主時間，進而勾勒出自己的美好人生。

——許景泰／SmartM 世紀智庫執行長

「你怎麼有辦法同時創業、出書、經營粉絲頁、又帶兩個小孩？也太強了！」每當被問到上述的問題時，我的回答都是：「這都是科技的功勞啦！」

這麼回答完全沒有謙虛的成分，而是打從心底感謝像是大數據、AI這類日新月異的科技應用，讓我這個創業中的二寶媽，可以在等待孩子入睡的同時、一邊用手機寫作、一邊透過不同的通訊APP和世界各地的客戶夥伴溝通。

上述的觀點和《不上班賺更多》的作者不謀而合，我們都相信科技的發達，幫助人們可以更有效率地做到多工（Multitasking），希望藉由閱讀這本書，能讓更多人享受斜槓人生的自由與快樂。

——浦孟涵／《CAN DO 工作學》作者、盛思整合傳播集團總經理坦白說，我並不喜歡這本書的中文名字，我理解這個書名，可以吸引到更多人的眼球，但是這個中文書名，我覺得並沒有翻譯到這本書的精髓，這本書，我愈看愈覺得有意思，特別願意為這本書推薦的原因——作者分享的，不只是「如何賺錢」，而是有關於如何設計出屬於「你的」職涯與生活。

特別喜歡她分享著不同的對於「成功」的定義，這正是現在我們必須理解與重視的——我們每個人都不一樣，所以本來就沒有固定的成功模式！每個人都有機會都有能力，活出真我，創造自己的複合生活！

上班或不上班，賺更多或是賺的剛好，你要或不要，你都有選擇，找到自己的最適合。

——張瑋軒／吾思傳媒創始人暨執行長

在這個智能時代，組織的疆界不斷弱化，使得斜槓青年跟零工經濟崛起。未來的職業趨勢，更多的是把自己看成個體公司的個人品牌經營時代，多重身分將會是每個人都要面對的型態。作者艾瑪．甘儂本身就是這種未來工作型態的典範案例。透過這本書，你將能挖掘屬於自己的無限可能！

——何則文／作家、青年職涯教練

完美地捕捉時代潮流。

——《赫芬頓郵報》（*Huffington Post*）

給那些喜歡自己所做的事情，而且不想從單一角色定義自己的女性的必讀之書。

——《獨立報》（*Independent*）

一本偉大的書……有助於那些希望成就不平凡事業的人，找到將來更完美的工作方式。

——《倫敦標準晚報》（*London Evening Standard*）

複合式工作女王告訴我們如何在數位時代發展並維持你的副業。

——《RED雜誌》

多希望在我二十幾歲的時候，能遇見像艾瑪這樣的人。她不但聰明而且可靠——我認為，如果我年輕的時候她就在身邊，我就不會做出這樣的事情。而我很高興現在有她的存在。

——布里奧妮·戈登（Bryony Gordon），暢銷書作家、新聞工作者艾瑪．甘儂是世界上一束明亮的光，我認真地探究她所做的一切。

——伊莉莎白．吉兒伯特（Elizabeth Gilbert），暢銷書《享受吧！一個人的旅行》作者

很高興透過本書閱讀到工作方式在未來即將發生的改變。

——理查．布蘭森（Richard Branson），英國維珍集團（Virgin）董事長

這簡直是一本終極現代職業指南。

——愛麗絲－阿扎妮亞．賈維斯（Alice-Azania Jarvis），《EZ雜誌》總編輯

不論任何年齡都受用的重要成功指南。

——法拉．史托（Farrah Storr），《柯夢波丹》（*Cosmopolitan Magazine*）總編輯

任何希望開創夢想事業的女性都必須閱讀。

——朱．薩爾蓬（June Sarpong），電視節目主持人

前言

說到職業生涯，你會不會覺得自己像在一趟無止境的旅程中，想抵達某個地方，但卻似乎永遠也到不了目的地？這個**某地**有點像是山頂：你其實看不到，但要是瞇起眼睛，你會若有似無地認為遠方有些特別的東西等著你。等你終於到了那裡，又累又倦，你以為一切都會奇蹟似地明朗起來，達到職業生涯的最高境界。這一路上別人告訴你（也許是在學校的時候），只要一直努力工作，就能達到人生目標，這也就是你每天辛苦上班、朝九晚五（然後再加一點班）的原因。總有那麼一天，我們會得到獎賞。一次次的升遷、加薪，一張張能貼在IG（Instagram）的光鮮照片，讓我們更加靠近心靈的平靜與滿足。但要是這樣的結果並不存在呢？等你到了旅途的終點，卻發現少了什麼怎麼辦？在往上爬的路途中，你忍受著漫長的工時，你是否真正想過成功對你來說究竟是什麼？是日常的小確幸、普通的物質，還是你一路上所做的選擇？要是別人跟你保證山頂上會得到的成功，不如你期望中的感受和模樣怎麼辦？要是成功對每個人的意義都不同，我們現在可能完全弄錯了方向該怎麼辦？那會是一場多大的騙局啊。

除非你超幸運，不然有些事我們都不得不做，工作就是其中之一。然而我在學校所習得的每一則職涯指南，畢業的時候都已經過時了，即使近如二〇〇七年，我離開大學之前領到小冊子裡，只列出了獸醫、教師、律師等，完全沒有提到現實世界我們真正會面臨的事。站在學校的立場來說，工作和生活的實際指南根本不存在，比如我畢業以後所做過的每一份工作，在我拿到這些指南之時，都還沒有被發明出來。

事後我也領悟到，嚇人的不只是**選擇工作**這件事情，而是**選擇一個一輩子的工作**，別人一直反覆告訴我錯誤的觀念，說人人都可以找到自己夢想中的人生道路，我因此受到鼓勵，決定攻讀並精通一門學科，然而我職業生涯的成功卻是源自多樣的專案、目標和選擇。你不必選擇一種工作，或是精通一件事情，事實上，複合式工作的生活型態具有無限的可能性，也因此有了這本書，**我們之中某些人——大部分的人——生來都不是為了把生命奉獻在單一件事情上。**

零工經濟（gig economy）方興未艾，字典裡的描述是「勞動市場的一種，特色為短期合約的自由接案工作，而非永久的鐵飯碗。」在美國，據預測到了二〇二〇年，會有將近一半勞動者的部分收入來自自由接案工作，然而這也有些缺點：最後一刻才排行程、工時不穩定、零工時契約[i]。雖然複合式工作法並不鼓勵這些，不過身為複合式工作者，考量到零工經濟趨勢的興起，應該制訂迎擊方針，自由而且能承接多樣的案子，而不是被逼到角落裡去。複合式工作法是一種生活型態的選擇，以及重新掌控某些權力。

複合式工作的生活型態如同大雜燴般，由不同的收入組合成一份薪水，而不是源自單一的收入。當然這會讓「你是做什麼的？」這個問題更難回答，不過你的身分也不再取決於單一的工作職稱，而變得更像你是誰、對什麼感興趣、拿什麼付帳單，還有你的嗜好是什麼，這些全都構成了你不同的「複合物」（hypens），你像是職涯變色龍，隨著不同的案子改變、塑造自己。

工作是個重要的主題，因為我們花了很長的時間在這件事情上，即使工作未必能夠定義我們是誰，但確實占了我們日常生活很大的一部分。

平均而言，我們一生中花了十二年在工作，其中有十五個月的時間用在加班，也就是契約以外的工作時數。我們如今把三分之一的清醒時間用在手機上，聽到這個沒人會感到驚訝[1]，但我們該如何在這種擺脫不了科技的工作環境中茁壯呢？要如何才能排除聲浪、建立

---

i 譯注：零工時契約（zero-hour contracts）是指僱主不需保證最低工時，但員工必須隨時可以上工，相當於必須隨傳隨到。

年資、創造出我們自己的成功定義？在這個被要求追逐無止境終點的世界上，我們如何才能更快樂、更充分發揮自我？該如何進行我們一直在談卻不知從何著手的那項副業？該如何在如今有七十億人口互相連結參與的網路群眾中脫穎而出？該用哪種不同的方法賺錢？過時的體制對於許多人來說早已行不通，失望之餘，我們該如何賦予自己力量？我想用這本書來試著幫助你回答這些問題。

（職涯、生活型態、科技上的）急遽變化所需要的時間遠比從前來得快速，我們沒有那麼多時間可以好整以暇地構思新計劃，就算有時間，我們也會感受到未來加諸在身上的焦慮和壓力。我們全都在思考自己職業生涯的二．〇版本。雖然無法預測自己將來會做什麼工作，但是我們可以用新方法獲得安全感。科技的影響並非都是正面的，不過卻能讓我們自學新技能、創造新工作，打造個人品牌，且隨著時間吸引合適的工作。

複合式工作法讓我們從實際面弄清楚如何讓自己脫胎換骨，包括職場、環境和自己對個人成功的定義，其十大要領收錄在第七章。我們應該重新思考舊習慣、提出更多問題，設計自己的時間表，不再受限於某事或是某個框架。因為在這個善變的時代，只擅長一件事情已經不夠了。

複合式工作法並不是：

- 成為部落客／模特兒／ＤＪ的指南——抱歉啦；
- 一本只為斜槓族千禧世代而寫的書；
- 頌揚沒保障的跳槽觀念；
- 如何成為自由接案者的指南；
- 一本人人通用的指南。

複合式工作法是：

- 看看我們該如何在新的工作型態中讓自己不過時；
- 反思傳統職場上讓人裹足不前的作風；
- 如何同時擁有許多不同事業的要領；
- 找尋全新的個人成功定義；
- 如何在未來的職涯中利用科技賦予自己力量；
- 一項新運動，追求在同樣的時間內做得更少、創造更多。

科技讓我們得以反抗許多年來的常態，帶給我們做夢也想不到的更多自由，我們可以改變工作日的固定安排，利用工具和機器來處理待辦事項，只要輕觸按鍵，就能與全球各地其他人交流。同時，網際網路也導致了種種興衰，例如：大型亮光紙本雜誌的衰落以及ＩＧ上真實人物自行策劃的個人雜誌興起、傳統名人的沒落以及素人網紅的崛起。我們有機會在自家臥室做起生意，不需要傳統的資金，只要有無線網路熱點（Wi-Fi）、線上群眾募資和一個好點子。不是每個人都想成為馬克・祖克柏（Mark Zuckerberg）征服全世界，但是很多人都想試試自己的點子，甚至是一邊工作一邊兼職嘗試。隨著新產業出現，市場上也出現了新的缺口，根據企業顧問公司 Enterprise Nation 創辦人艾瑪・瓊斯（Emma Jones），英國新創企業的比率在過去幾年之內破紀錄地快速攀升，她表示「二〇一二年時，英國首度在十二月的時間內達到五十萬家新創企業」，而二〇一六年時，「有六十萬人創立了有限公司。」[2]這些可是大數字。我舉辦講座和工作坊時，利用機會跟許多人聊天，也因此得到不少激勵。我記得我在二〇一六年辦了一場工作坊，參加的人形形色色，有八十七歲的老太太想架網站販售她的熱門編織物品，有十二歲的小女孩想透過 Skype 教其他國家的十二歲小孩小提琴。我相信在內心深處，人人都具有創業精神。

我們已經見識過終身僱用制的終結，還有自由接案經濟的興起，守門人已遠，網路上有更多的工具可用，這表示我們可以創造出自己的曲徑。此時應該反問自己，講到工作這件事，「規則是誰訂的？」在英國，我們是歐洲最沒有效益的的勞動力，比德國同行低了百分之二十七，因為生產力的問題損失數十億英鎊[3]。科技改變了我們的生活，但卻不如我們想像，並沒有同樣快速地應用在工作裡。

美國的勞動者平均耗費百分之二十八的工作時間在電子郵件上，根據Atlassian.com（提供新創企業線上協作的工具），我們每個月花三十一個小時在沒有效益的會議上，而且有百分之七十三的人在開會時會做其他事情[4]。根據特許管理協會（Chartered Management Institute）所進行的民意測驗，由《每日電訊報》（*Telegraph*）報導：「員工用手機和平板在家工作的時間，幾乎抵銷了他們每年的特休假。」[5]這些我一點也不覺得驚訝。當然在辦公室工作還是有好處：面對面開會、與同事培養感情、團隊合作，但是我也覺得在辦公室工作的一整天當中，我在不同的方式下浪費掉很多時間：喝不完的茶、一次開著三個不同的廣播電台、「可以耽誤你一下嗎？」（「一下」會變成兩個小時）、前面提到的無意義會議、沒效益的延誤和通勤，這些事情全都限制了我，讓我沒辦法完成任務。我們整天在辦公室裡工作，在回家路上也用手機工作，這表示我們的工作天數多過原本應有的，也有研究顯示，隨時隨地可以點開的收件匣，代表我們的工作日變長了，從七個半小時增加到九個半小時，因此我開始問自己：**如果讓我從零開始設計自己的工作日，我能成就什麼？**

我反對傳統職場的現況，是因為我對於許多工作角色缺乏彈性感到失望，這些工作職責沒有理由不靈活，很多公司似乎根深柢固地認定屁股一定得黏在座位上，而沒有考慮到個人的需求。快轉到現在：我有**許多**不同的工作，恐怕沒辦法簡單告訴你我是做什麼的，有一陣子我覺得這是壞事——是一種汙名纏身的生活型態，斜槓族（slashie，工作職稱上有多重斜線的人）被誤解成沒辦法承擔起義務和責任的人，不管跟誰講到我的謀生之道，我都會變得說不出話來。經過多年的含糊其詞而非自豪宣告後，我意識到我想要寫下來，像是把你**認為**自己最大的缺點，轉成你最大的賣點。一旦我接受了這種工作方式、給它命名（當然就叫複合式工作法），我的生活便開始有了變化，健康及關係的品質改變了，還有我的銀行存款跟我對個人成功的觀念也變了。複合式工作法讓我能以從未想過的方式擁有這一切，當然也有犧牲，工作的未來更面臨了重要而複雜的挑戰（詳見第八章），不過我想在本書內與你分享我得到的教訓和想法。我想寫的是家庭生活與工作怎麼融合，該如何成功實現這項目標而不會搞到焦頭爛額？或許你覺得自己想改變，或許你正勇敢面對彈性工作的問題，或許你擁有某項副業的潛力，又或許曾經讓你感到快樂的工作，因為某些無法解釋的原因讓你厭倦了。不論你的情況如何，我相信我們在內心深處都是複合式工作者，只需要掌握某些要領，我們需要改變的契機。

也許你當下的想法是，**呃，職業生涯有多樣組成聽起來像是要做更多工作**，但本書的重點不是關於跟手臂或腿一樣長的待辦事項清單，而是讓科技幫忙我們。科技不會消失，我們每天都在學習（這是此方法的一大主題），三十年前沒人家裡有電腦，如今根據思科（Cisco）的研究，二〇〇八年時與網際網路有連結的「東西」早已多過了人。等到二〇二〇年的時候，與網際網路連結的東西數量將達到五百億，而且絲毫沒有趨緩。某些數位科技可以減輕工作量，讓我們能去探究其他感興趣的技能，擁有副業已經成為全國上下的娛樂消遣了。

如果我告訴你，藉由在職涯中添加許多不同的複合物，實際上我的工作時數遠比以前朝九晚五上班時少得多呢？又或是擁有多樣收入來源可以真正取代一份紮實的薪水？本書目的在於打破現代職場的許多汙名，解釋為何過往遺風毀了我們的機會，讓人無法在工作中感到充實，覺得陷入困境，並阻止我們欣然接受自己的許多面。本書是講述如今**每個人**都能擁有創業的思維，而且有權加以探究，每一個人都有，我們需要的只是一些明確的出發點，讓我們可以把點子付諸實行、創造出新工作，這不只為了我們自己，也為了別人。該是時候打破傳統侷限職場的束縛了，是誰定下那些規則，要求我們必須這麼嚴格只靠單一收入過日子？在現在這個新時代，應該擁有新的工作方式、新展望與新契機。

我們也需要處理隨之而來的信心危機，因為我們總是覺得自己像是孤身一人奮戰，獨自在這個多變的時代開闢新道路。但是網際網路讓我們能夠保住飯碗、靈活工作，創造出新的副業，如果我們想要的話，也能有個業餘嗜好，並且把所需的通勤時間減到最少。但是我們該怎麼擴大這個可能性呢？為什麼我們還是害怕要求工作上的彈性？為什麼還是遭到許多人嚴厲的批判？畢竟若在性格和職業上擁有多樣組成，能讓我們在心理上把生活的重擔和壓力分散到不同的事物上，這對我們是相當有益的，我稍後會再詳細探討。

最近我發現自己跟兼職計程車司機聊了很久，他們有人正在開發應用程式，有人則受訓想成為飛行員，還有人在寫書。我遇過非常成功的醫師，正在受訓希望成為攝影師，如此一來若在深山裡拯救性命時，他就能夠同時拍攝電影；另一位醫師則是今天替人開刀、隔天在寫美食部落格。這不是被公司逼著打零工，壓榨或不肯投資在我們身上，這是選擇在工作之外擁有多樣副業，由你創造，讓你的處境更有利，能充分利用新需求與經濟中隨之而來的機會。這代表你將會找到適合的副業專案，可以賦予自己力量（因為在這個年代裡，傳統職場讓人變得愈來愈脆弱、用過即丟）。也表示你將擁有更多可能，讓現代生活符合你的需求，而不是把你逼到絕望的邊緣。

雖然成為複合式工作者絕對不只適用於單一世代，我還是有點自覺，或者忍不住自我分析一番，像是寫作這本書時我的觀點從何而來。我不知道是否因為身為千禧世代，想要力抗「雪花世代」[ii]（snowflake generation）的標籤，畢業的時候又碰上二〇〇九年經濟衰退，當時找工作跟安穩工作都很困難，這成了我工作背後的驅動力，我覺得需要有個副業才能讓自己顯得出眾，因為在當時的經濟恐慌氛圍下，想要保住一份工作相當地競爭。加上其他嚴重的社會議題如學貸債務和住宅危機幾乎影響了整個世代，所以我不習慣以直線的方式思考我的職業生涯，我知道我的職涯歷程不會跟我那嬰兒潮世代的父母一樣。我們將工作很長一段時間，我們的工作也會持續改變，而且不斷有新的工作被發明出來。

我也深深確信，科技以如此步調發展，人類根本沒辦法完全跟上（或是還不知道能利用科技達成什麼），感覺就好像是我們追著科技在跑。但我知道科技擴張和進展的速度，會使工作及職場的樣貌截然不同，因此我必須投資自己，如果眼前的一切都不牢靠，我唯一能做的就是自學，投入在自己的副業技能上。我們應該習得一些技能，讓我們能夠展望前景，看

ii 譯注：雪花世代（snowflake generation）形容千禧世代的年輕人被保護得比較好，抗壓性較弱，容易玻璃心。在臺灣可稱為「草莓族」。

到未來的改變與成長，並且預測自己的發展。找工作或計劃職涯的時候，比起往內看，我們應該要往外看大環境，看看自己在其中的角色是什麼；比起煩惱工作職稱和位階，更應該著重在我們能做什麼、能帶來多少價值。許多事情都曾經在勞動者的掌握之中，像是穩定的升遷、順著職涯路徑往上爬，但情況已經不一樣了，我們無法像從前支配自己未來五年的情況，所以更應該鼓勵自己別用直線的方式思考職業生涯，改用「為什麼？」或「要是……？」，這麼做應該受到讚揚而不是被嘲笑。

聽好了，職業生涯有多樣組成不是新觀念，組合式職涯（portfolio career）在一九八〇年代開始流行，接著查爾斯．韓第（Charles Handy）在他《覺醒的年代》（*The Empty Raincoat*）一書中讓這個觀念變得普及，不過現在需要大幅更新，讓其回歸主流。「組合式職涯」一詞需要新意，應著重在科技、設計和網際網路上，而不只是一連串任意湊在一起的工作。我開始工作的時候並沒有任何一本書，像這樣提倡組合式工作的建立與數位技能的提升，同時講述如何打造屬於你的成功並創造適合自己的生活型態。

我們都替這種方法取過不同的名稱：跨領域工作、斜槓職涯，我朋友佛萊迪稱之為多樣來源法（multi-streaming）——擁有多種收入來源，把相互連結的角色統整在一起，就像操縱木偶一樣。其中，最重要的是，這麼做是為了確保你不會在瞬息萬變的職場中被淘汰。在這個許多事情無法掌控的年代，唯有讓自己多樣化，盡可能取得最有利的位置，才能擁有長久而豐碩的職業生涯。

這些全都讓我激動不已，我認為我們所處的年代，屬於工作場所史上身分組成極多的時代，包包裡的手機讓人比以往更能做白日夢，無需費力就能與他人建立關係。我們透過影像看到其他人的迷人生活及創業點子，心裡想著：「**我也能做到嗎？**」在網際網路上我們不斷被提醒自己擁有無限的潛能，雖然這很嚇人（有時會令人招架不住），卻也具有啟發性。你之所以眼看別人展開自己的事業或專案，會有那種擔心錯過的感覺，是因為網際網路已經讓競爭變得平等，你知道你也能辦到，我們就跟隔壁的老王一樣能幹，如今我們全都站在相同的起點，擁有相同的機會傳播我們的訊息。不過在這個日益競爭和喧囂的世界中，卻缺少了數位策略的討論，我們需要對話，共享資源和實際可行的出發點。甚至就在不久之前，你必須踏進現實生活中的銀行，推銷你的點子好讓銀行貸款給你，但現在已經不需要這類預先的許可或投資了，我們可以實驗、冒險，嘗試徒勞無功的事情，就算行不通世界也不會崩毀，因為我們可以一邊工作、一邊摸索。重點在於我們都有放手一搏的自由。

複合式工作法本質上是在於更快樂地走在屬於自己的道路上，然而，這個社會不斷告訴我們，討厭自己的工作是很正常的一件事。輿觀調查網站 YouGov 報導，二〇一五年時有百分之三十七的英國勞動者認為自己的工作毫無意義；《倫敦標準晚報》（*Evening Standard*）報導有百分之八十的倫敦人厭惡自己的工作[6]。彭博（Bloomberg）最近則揭露，一旦年過三十五，你就更有可能討厭自己的工作[7]。我最近在聚會上逢人就說我在寫這本書，大家的反應是，「可是你**本來就該**厭惡你的工作，那是**工作**耶。」我懂，但是沒有哪個工作一直都是完美的，擁有多樣謀生技能，可以讓你的生活不過於倚重單一手段。讓自己分散、橫跨多樣興趣，會使你在每一方面都更傑出，因為你不斷改進、接受各種挑戰，你會覺得比較不受限制。越過舊的障礙，這表示你得放過自己，接納自己生活中的不同之處——在個性與職涯上都是。

我想寫書證明任何人都可以賺進額外的收入，或者創造出個人的價值，只要透過線上工具並運用它的力量。我們需要獲得工具，才能知道該從哪裡著手。也許你會認為住在發達的城市裡，就能得到最多的機會——對於需要拉攏關係的活動來說是這樣沒錯——但你不必是住在城裡的千禧世代，也能成為新科技的早期採用者（early adopter，率先開始使用某項產品或科技的人），例如蘿拉・穆迪（Laura Mudie）在紹森夕（Southend-on-Sea）開始她的公司Rosa & Bo（一系列色彩繽紛的嬰幼兒產品），當時她的正職是助產士；茱莉・狄恩（Julie Deane）和她母親弗瑞妲（Freda）在自家餐桌旁創辦了劍橋書包公司（Cambridge Satchel

Company）。不管住在哪裡，你都能創造出有趣的東西並且線上參與，這是網路的力量，也是你獲得更多自由的來源。

複合式工作法將為你的工作生活提供不同的方法，是我希望自己從前就能得到的職涯指南。本書是關於如何在瞬息萬變、難以預料的世界中，讓自己變得**更容易**就業；思考我們的人生故事，例如我們是誰、跟工作的關係又是什麼；講述怎麼克服恐懼，不用擔心線上和離線生活的殘酷現實；以及強調怎樣發揮你的長處，定義你自己的成功。本書將會打破沒有根據的觀念，讓人不再認定一輩子只能有一份工作，要在這個充斥許多過往舊習的世界和職場中，打造長久的職涯，為自己創造出**更多**的穩定性，讓你不只在接下來的幾年內方便就業，而是未來難以預料的幾十年內都是如此。本書是要利用我們所獲得最棒的禮物之一——網際網路——去努力實現靈活的未來。

1
Chapter

字典中定義的成功與「你自己定義的成功」

成功

ㄔㄥˊ ㄍㄨㄥ　名詞

1. 實現目標或目的

——獲得名聲、財富或社會地位

——達到期望目標或是獲得名聲、財富等等的人物或事物[1]。

在字典裡，成功的廣泛定義是「實現目標或目的」（很合理，對吧），但眼下還有更現實的解釋出現在我們的文化中：「**達到期望或是獲得名聲、財富等等的人物或事物。**」這是我們從媒體上接收到的成功定義，在公告欄上、電視上、廣告中不斷出現，網路迷因[i]（Internet memes）和電視廣告讓這樣的觀念根深柢固：要是能有多一點的金錢、物質，甚至更多的認可或社交媒體追蹤者，我們就能變得更快樂。如果我們出了名，就能成為更好的自己；又或者是如果有更多錢與物質，就可以買得起豪華的壁爐、昂貴的地毯、黃金和珠寶。在某些時刻我確信自己像許多人一樣，落入了這種陷阱，認為只要用這種方式獲得「成功」，所有的問題都能迎刃而解。這種定義仍持續存在，因為獲得認同與肯定的感覺很好（一開始是這樣沒錯）。

然而，該是時候替自己創造成功的定義了，畢竟有這麼多不同的方式可以過生活、賺錢維持生計。身為一個複合式工作者，我看起來似乎不如坐辦公室的人成功，他們有張閃亮的辦公桌位於高昂聳立的大樓，還有大理石門廳。但是擁有複合式工作的職業生涯，本質上就意味著你不得不去重新定義自己的成功，不能直接拿自己跟別人比較，重要的是開拓自己的道路，並且待在那條道路上，你的混搭職涯將會跟別人的完全不同，就算你們的工作類似也一樣，因為複合式工作是為你量身訂製的組合。

有許多觀念深植於我們所**認為**的成功之中，我必須逼著自己去察看、去質疑而不只是盲從，**那是我對成功的定義嗎？**我問自己這輩子真正想做的是什麼？平凡的日常能讓我感到成功，比如一天過去了，沒有發生重大事件，還能坐在沙發上喝杯茶；工作上得到豐厚的酬勞，也能讓我得到成就感。成功有很多不同的定義，它能夠一一套用在我各個職業的組成上，這全靠我們親自去試探並理解，而非追逐那些媒體上的誘人訊息，不論是社群媒體或傳統媒體

i 譯注：網路迷因（Internet memes）是指因為大量轉載和宣傳在網路上爆紅的事物，可以是圖像、音樂或影片，也可以是某個單詞或字句，有各種不同的形式。

都一樣。

成功的定義跟別人不同，完全無所謂，不管是家人、朋友、同儕或是網路上的陌生人都沒差，比如最近有人推薦一位來賓來參加我的播客（Podcast）——這類推薦常出現在我的收件匣裡，我喜歡接收來自新朋友的消息，也樂於認識、採訪他們，儘管以前我可能從來沒遇過這些人。不過近來有則提議讓我抓破了頭也想不通，那封電子郵件是這樣寫的：

親愛的艾瑪：

我想給妳的播客一點建議，我們認為你應該訪問X先生，他是個非常成功的生意人，賺了超多錢，二十六歲就退休了，妳想聽聽他是怎麼辦到的嗎？

起初這讓我感到很違和，我實在想不通，難道這**就是**成功的定義嗎？工作然後早早退休？問題這不是我的定義。我們每天都在接收或提倡有關成功的故事，人家一直告訴我們，應該又成功又**年輕**才好，但是沒有人能永遠年輕，如果要追求在職涯中保持青春活力，你就不可能維持一輩子的成功。我應該要替這種成功的觀念錦上添花、加以理想化嗎？但我更感興趣的是找到一個長久之計——一輩子充滿轉折起伏、有起有落的職涯轉變，均衡、實踐、保持活躍、享受生活、適量工作，還有沒錯，當然在某個時間點（但願如此）可以退休！在大公司工作與提早退休不是**我的**定義（雖然也算站得住腳），因此我明白在盲從跟風之前，得靠自己推掉幾個不適合的成功定義，讓每個定義都屬於我們自己。設計一種適合自己的生活型態，未必得照著傳統的階梯往上爬，努力追求一次又一次的升遷，到最後感到灰心氣餒。我想要確保自己能得到樂趣、實現自我；在成長的過程中，我想要樂在工作、享受挑戰、重塑再造，以我的方式來場職涯之舞，度過我的人生。

在《挺身而進》（*Lean In*）一書中，雪柔·桑德伯格（Sheryl Sandberg）摒棄了職涯階梯的說法，改稱之為職涯「方格攀爬架」（jungle gym）[2]，基本上就是橫爬加直爬，想辦法實現你的目標。BITE（一家行銷趨勢代理公司）的執行總編卡拉·梅契兒（Kara Melchers）表示：「我們的目的地並非都能沿著某座階梯到達，在我的腦海中，那更像是一座攀爬架，有隧道、滑梯和繩索，只要你樂在旅程，就走對方向了。」[3]

謝天謝地，改變事物、嘗試新事物變得沒那麼汙名化了，我記得以前工作的地方有個上司告訴我，每份工作起碼都要待兩年，要不然招聘的人會覺得你不夠可靠。如今我可不這麼想，就算你想待在某家公司，在同一個地方橫跨發展也有許多優點。蓋伊·柏格（Guy Berger）在領英（LinkedIn）上發布了一篇研究，名為「如何成為主管」（How to Become an

Executive），分析了大家抵達職涯巔峰的各種不同方式，還有大家在職務上成功的方法。領英審視了全球四十五萬九千位會員的資料，這些會員在大型顧問公司任職超過二十年，擔任資深職位。研究結果顯示，在某項職責上橫跨多個部門的人，遠遠勝過只擔任某項職務、只待在某個部門的其他同事。他們適應力強、能勝任不同職務、能為自己增加新技能，這已經成為職場中的一大優勢。

重要的是我們要接納這樣的崎嶇，別認為這比不上傳統的職涯路徑。《青年危機：25歲前一定要知道這13件事，人生才不會悲劇！》（*The Quarter-Life Breakthrough: Invent Your Own Path, Find Meaningful Work, And Build A Life That Matters*）一書的作者亞當・史邁利・波斯瓦斯基（Adam Smiley Poswolsky）接受《Glamour 雜誌》採訪時說：

> 科技上的改變意味著大家不能指望某個職位，甚至某間公司會永遠存在。把你的職業生涯想像成一座蓮池塘，浮葉朝著四面八方伸展，這並不表示為了另一片浮葉，你應該每六個月就辭職換工作，不過為了維持競爭力，你必須變得擅長某事，同時發展其他專長，然後找出這兩種技能的重疊之處，替你的公司創造更多價值[4]。

我從來都不明白，為何「樣樣通」總是被當作某種侮辱。情況其實愈來愈明朗，多樣化的履歷更有利，能隨著你的職涯成長茁壯，使你成為多方面的專家。

網路上「勵志標語圖」興起

要是你看過那種感覺不太誠懇的勵志格言，或是那種辦公空間照片、大理石桌面配上天鵝絨貴妃椅，張貼在ＩＧ上，這些照片的標籤可能是「勵志標語圖」（motivational porn）或是「成功標語圖」（success porn），那是別人企圖引起你注意的方式，他們把成功的觀念美化，讓你感到興奮、想要得到更多但最後卻沒能獲得真正的滿足。ＩＧ上有超過一萬張照片的主題標籤是辦公桌標語圖（#deskporn），而且似乎還在增加，我最不喜歡的工作標語圖迷因，是有一句話說「我寧願一週七天、每天二十四小時奔波忙碌，也不要當朝九晚五的奴隸。」Pinterest 上有超多人分享。全天候奔波忙碌的觀念是一種很危險的心態，因為不斷工作對我們的幸福無益。我們不該把自己的選擇劃分為兩種極端（也就是朝九晚五＝固定工時，自僱者＝全天候工作），介於朝九晚五與全天候工作之間有個中間地帶，你可以努力調配出屬於自己的比例。

如果五〇年代的成功美圖是邊間辦公室，九〇年代是引用史蒂夫・賈伯斯（Steve Jobs）所說的話，那麼在二〇一八年就是擁有蘋果電腦、張張照片都值得貼上IG的正妹老闆（#GirlBoss），在峇里島的海灘上運籌帷幄，經營自己的帝國。儘管科技讓人能夠利用新的副業開拓自己的新路徑，我們仍每天遭受其他人的「成功」轟炸：別人家的孩子成績好、別人挑的搬家日子是黃道吉日、別人的工作升遷順利、戀情發展順利，就連別人出門購物也是一切圓滿，我們被其他人的生活給淹沒了，即使這只是其他人公開展示的很小一部分。雖然網際網路造成了工作生活的正向大轉變，卻也成了溫床，助長了人人都比自己強的感覺，只要一眨眼的時間，自己本來還算滿意的生活，就會跌落到跟別人完全不能比的地步。

如今我們可以接觸到新的線上世界，有無窮無盡的影像化生活和成功的例子，我們可以根據所見所聞來做出生活中的選擇，想想自己要什麼。現在影響我們的事情變多了，科技已經從我們選擇去使用，變成我們無法逃避的事物，而且有這麼多的平台能讓人展示自己（雖然只是精彩的片段），還有這麼多的工具能助人成功。滑動螢幕時的所見所聞會影響我們的心智，中斷我們真正的天職。為了讓你了解世界的變化有多快，以下是二〇〇六年時還不存在的東西：

- 蘋果手機 iPhone（以及應用程式！）
- 4G
- 安卓系統（Android）
- WhatsApp 即時通訊應用程式
- 網飛（Netflix）
- 比特幣（Bitcoin）
- IG（Instagram）
- 優步（Uber）
- Snapchat 圖片分享應用程式
- Spotify 音樂串流服務
- Kickstarter 群眾募資平台

這份名單還可以繼續列下去。被資訊淹沒的我們，若能緩一緩、靜下心來，不只對心理與身體健康有幫助，也能讓我們見樹又見林：你是真的在追求自己的「成功」，還是在追求別人的成功？再沒有比現在更好的時機了，正是時候重新校準我們自己對成功的定義。

工作關乎個人與情緒

工作是一項與情緒有關的主題，原因很多，它會影響我們的情緒以及對自我價值的認知，在某些情況下還會影響到健康。不是人人都喜愛自己的工作，事實上，要是你愛工作，你是例外。根據求職網站 Monster，有百分之七十六的勞動者在週日晚上，會因為即將來臨的上班日而焦慮[5]。如果你樂在工作，人家會認為你非常幸運，不過事實上，擁有你愛的工作往往是一路上犧牲的結果，例如不可思議的低起薪或不支薪工作以求「曝光」，就為了擊敗來自四面八方排山倒海的競爭者。為了能「愛你所做」，大家認為你必須犧牲一定程度的就業保障，像是工作不穩定或承擔風險。最近我跟一些朋友聊到，當個樂在工作的人，有時候很容易引起爭論，如果你熱愛工作，而你的朋友卻痛恨工作，這會讓你們的友誼變得尷尬。你可能和這些朋友有過令人不快的對話，他們沒能擁有想要的職業生涯，卻也不想放手一搏，或是在過渡期間收入變少。

剛開始工作的時候，我有點嫉妒那些朋友，當律師、當招募人員，在職涯最初就能享有高薪、豪華假期、高級餐廳。當時我的年薪11 K英鎊[ii]，正試圖想打進一個我有熱情的行業，儘管眾所皆知，這一行的待遇不怎麼樣。但我很快就學到了一個道理：拿自己跟別人比真的是浪費時間，因為從一開始你們所做的決定就不一樣。

剛起步的時候，你很容易會覺得自己受到不公平的待遇而難以忍受，包括特權、裙帶關係。這些事棘手又麻煩，甚至影響了所有人，這也就是為何比起從前，了解科技的發展以及工作的未來在今日比什麼都重要，如此一來，我們才能夠更仔細地檢視現在的困境，不論我們的背景或起點是什麼，都可以克服。比如說，用履歷表的背景資訊過濾誰適合某個工作已經過時了。現在，許多工作表現就能代表你，無需履歷。你的副業、專案或者網站，透過搜尋結果就可能讓你得到工作。根據凱業必達（CareerBuilder）一份新的調查，在正式聘用之前，有百分之七十的雇主會利用社群媒體來打探可能僱用的員工，這種做法甚至有個名稱——社群招募（social recruiting）——每十位雇主當中就有三個設有專人負責瀏覽未來員工的線上簡介，以便根據線上發布的作品，找到新鮮、有活力的人來僱用。

ii 譯注：年薪一萬一千英鎊相當於台幣四十五萬，根據英國國家統計局（Office for National Statistics）調查，英國城鎮的週薪收入約為 539 英鎊，年薪為 28,028 英鎊。作者的收入還不到平均值的一半。出自：https://www.bbc.com/zhongwen/trad/uk-43976220。

所以我們應該自我訓練、善用科技的力量、學習如何提高自己在線上的可見度、傳遞從前可能不會被聽見的聲音，如今每個人都能夠變得更加耀眼奪目。例如播客的復興表示新聲音或新觀念可以觸及千萬人甚至上百萬的聽眾，無需透過電台，而是能直接接觸到聽眾。

網際網路消除競爭場域差異的方式

- 可以自由選擇在副業上投入的時間，並透過工具建立某項事業的起點。
- 任何人都能夠累積觀眾，跟他們溝通交流，效果可與傳統媒體匹敵。
- 有彈性的新創企業可以讓新手父母在自己家裡展開事業。
- 整體而言，大部分人家裡都有最新的科技和工具。
- 在劇變的時代，公司行號以及客戶比較願意承擔風險，進用新人和後起之秀。
- 自費出版影音的成長。例如在英國，有四百七十萬的成年人曾經收聽過播客[6]。

身為複合式工作者必須建立自己的成功定義

我現在知道我二十一歲時不懂的一件事，人生就是一連串夢想實現的過程，沒有終點，但一路上會有接連不斷的突破。我們最重要的責任是不斷努力爭取、持續成長，超越任何可能的目標，突破為我們設下的框架。

——伊蓮・魏洛斯（Elaine Welteroth），《Teen Vogue》時尚雜誌前總編[7]

研究顯示我們的工作生活並不快樂，倫敦商業金融學院（London School of Business and Finance，LSBF）則進一步指出，其實我們沒有輕忽這個問題，因為該研究發現每個月有兩百八十萬人辭職。根據英國人力資源網站 HRReview.co.uk，尋找並培訓新人來接替突然離職的員工，需要花費大量金錢——確切地說，每名員工需要三萬六百一十四英鎊。反之，若能讓員工擁有更靈活、更快樂的工作時光，而且喜歡上眼前的工作，這類金錢的花費就能夠省下來，讓大家在個人與專業上獲得更多成長的機會。

複合式職涯代表要善用你感興趣以及／或是你擅長的事情，創造出屬於你自己的職涯拼圖，就像是走進一間DIY玩偶的熊熊工作室（Build-a-Bear）一樣。這需要反思並分析你喜歡做什麼、擅長做什麼，該如何在線上提升可供發展的基礎，你的賣點又是什麼。複合式工作的生活型態之所以適合這麼多人，是因為我們揮別了必須符合某個框架的觀念，網際網路讓我們可以在某種程度上過著雙重生活——令人印象深刻的虛擬自我，可以在現實生活中帶來更多機會。如今擁有線上與離線的組合式工作是很重要的。

作家奈維爾．霍布森（Neville Hobson）在他的網站上（NevilleHobson.com）有句很好的結論：「在這個工作消失的世界上，自我價值已經取代了身分。」[8]我們之所以失去了職涯身分，是因為昔日的工作地位逐漸消失，因此必須從其他來源找到自我價值。

有地位而後「成功」——這曾經是在辦公室裡耗上大量時間的理由，昂貴的服裝、好看的髮型，擅於交際或賺了多少錢。然而現代的成功並非人人通用，從來都不是這樣。網際網路讓人能探索自身個性以及興趣等其他部分，擁有財物這件事似乎也漸漸失去了意義——我們不再擁有那麼多的**東西**了，我們透過東西來策劃自己的數位生活，但是物質等於成功這樣觀念已經淡去，大家重視的是體驗和記憶（兩者都無法在工作會議中創造出來），更勝於有形的物質。根據研究指出，英國的千禧世代在未來五年內的財務規劃，會優先考慮旅行和活動體驗，勝過買車、買房或是償還債務。

網際網路有種緊繃的狀態，一方面能讓我們發揮獨特的個性，探索自己的熱情和興趣，打進有共同愛好的圈子裡，同時也是最大的滋生地，繁衍出各種流行用語和趨勢，其中有些可說是變幻不定，有如曇花一現。在網路上，某些事情一變「潮」大家就立刻跟上，例如淨食（clean-eating）或是極端的數位排毒（digital detoxing），這類潮流主導了虛擬空間，也使我們變得更容易混淆，分不清真正想要什麼、真正能讓我們快樂的又是什麼。我們開始跟隨潮流，眼看他人在社群得到回報與認可，使我們也變得渴望參與。社群媒體就是這一點惱人——我們渴望擁有「成功人士」的生活型態，但是那些生活型態並不透明，我們無從得知需要付出什麼，又該如何達成。看著別人領錢去環遊世界，但他們背後的犧牲是什麼？日常的例行公事是什麼？最初是怎麼得到旅遊贊助的？IG上看不到這種背景故事，使得我們產生一種錯覺，認為別人的成功來得容易，因而感到洩氣，忘了該去做重要的事來提升自己。社群媒體上的關係太膚淺，只是互相按讚吹捧，事實上我們應該分享的是更多的資源。

多年以來，社會及文化上對於「成功」的觀念一直是：當個學有專精的小孩、學業成績好、上好大學、找份穩定的工作、升遷、繼續升遷、多賺點錢、訂婚、結婚、生孩子、退休、領退休金、死掉（真有樂趣）。

或是像大衛・布蘭特（瑞奇・賈維斯〔Ricky Gervais〕在影集《辦公室風雲》〔*The Office*〕裡的角色）講的：「你長大成人後，工作半個世紀，領到一筆退休金，休息個幾年，然後你就死了。」

成長的過程中，人家灌輸我們長大後生活應該有的樣子，大部分人在學校裡學到的都是要功成名就、培養雄心壯志，不管於私於公都是如此，幾十年來，女性還得知她們可以在工作和家庭中「兼顧一切」（Have it all）。如果認為成功與野心直接相關是很危險的，我有朋友坦承（用悄悄話講，好像在說什麼見不得人的祕密似的），他們發現自己在工作上沒能像傳統定義那樣充滿抱負。沒有野心不應該被當作壞事，我看著他們的生活，儘管與我不同（有寶寶、花園和更多的閒暇時間），心裡想的卻是他們已經能夠掌握屬於自己的成功了啊。

很棒的是，女性如今在職場總算被視為有能力的人類了（哇噢，謝囉！）。不過能擁有**同樣的**機會，並不等於想擁有同樣的東西。英國的女性時薪仍然比男性少了百分之二十二點六，在這種情況下，很難不把金錢納入我們對成功的衡量，去要求更多。我們在工作中追求的不只是充實感和目標——這些通常被認為是女性身上的情感特質——最後卻淪為少付女性薪水的藉口，我可不希望有人少付我錢，就只因為他們認為給我這個機會讓我覺得很充實。大家認定女性比男性更樂於從事照護的工作，但我們想要、也應該得到直接的現金報酬，根據經濟合作暨發展組織（OECD.org），全球的女性比男性多花了兩倍到十倍的時間，從事沒有報酬的照護工作。有些女性不想有野心，就像有些男性也不想一樣，我們想要的東西都不一樣，那沒有關係，但是我們不該落入某個角色的刻板印象，或是根據性別來做出任何決定。成功在於個人。

內在成功與外在成功

就許多方面來說，生在這個社會非常幸運，如果在十九世紀工作，我們可能會被束縛在某台機器前，而且工作（和工時）會視我們的性別和背景而定。現在我們能為自己開闢蹊徑，而且科技和網際網路可以幫助我們克服重重障礙，表示工作不再傾向於勞動密集型。

傳統的辦公空間也是工業革命所遺留下來的，當時的人必須在白天的時候共處，才能跟同事對話，使用的是無法攜帶的機器。就連看似現代的開放式辦公室，其實也沒那麼現代，根據數位媒體網站 The Debrief，開放式辦公室起源於一九五〇年代的德國：

Bürolandschaft（辦公室景觀）的概念，來自粗獷派建築師法蘭克．洛伊．萊特（Frank Lloyd Wright）的作品，廣為世界各地的企業採用，如今公認是企業及其員工的烏托邦夢想。然而度過半個世紀的開放式日子之後，大家開始質疑這是否真的是最佳工作方式[9]。

開放式辦公室給人一種靈活有彈性的錯覺（其中輪用辦公桌被視為一項優點），但是從科技層面來看，這並不現代，因為我們得展露出生活中的另一面，而辦公室內依舊盛行看起來很忙，更勝於真正忙個不停。面對面對於建立關係固然重要，但我們的軀體受到的束縛卻遠遠超過預期，也並非所有人都能在同樣的空間內有生產力，可是這一點卻幾乎沒有被考慮到。在一項調查中，有百分之五十八的高績效員工表示他們需要更安靜的工作空間[10]。另一項由加拿大人壽團體保險（Canada Life Group Insurance）所進行的調查發現，開放式辦公室的員工所請的病假，比在家工作者多出百分之七十[11]。

進行研究時，我發現《赫芬頓郵報》上有篇文章說，我們有可能因為晚一小時去上班而真的被開除，這似乎有點太嚴厲了，不是嗎？顯然要是會遲到的話，你必須跟同事講一聲。這是個好例子，好說明這種僵化的數人頭心態，正在扼殺我們的活力、幸福和生活。這篇文章中提到一個案例，蜜雪兒・艾得華茲（Michelle Edwards）表示「她晚了一小時打電話到公司，告訴老闆她得照顧剛動過手術的母親，但是老闆的反應是她已經被開除了，因為她『無故曠職』。」（出自艾得華茲對她的雇主 Advanced Temporaries Inc. 所提起的訴訟）[12] 我們手邊有這麼多的彈性工具，為何遲到一下仍舊被視為傳統辦公室體制裡的職場大罪？明明很多文書工作在哪裡都能完成，明明很容易就能在辦公室以外的任何地點補足工時。當然兩者之間還是有差別的，無故遲到跟無法彈性上下班是兩回事，但是整體而言，我們似乎因為舊規矩的阻礙而沒能聰明利用時間，顯然這真的無益於工作生產力。

另一項過往遺風是職場殉道。職場殉道者是那種在辦公桌前待到晚上十點，沒做多少事情，也許都在看 YouTube 上的影片，但是卻會抱怨自己好忙，待辦事項清單有多長。從前在辦公室裡待到晚上十一點會令人印象深刻（我以前絕對就是那種人！）也被稱為假性出席（presenteeism），意思是「在工作場所出現的時間多於所需」。但我對於成功的工作日組成要素的看法已經徹底改變了，現在是要能用**最少**的時間，好好完成工作。

觀察不同情況、不同文化中的職場殉道者很有意思，例如在日本根據勞動省指出，很少有人把年假全部用完[13]。在南韓則鼓勵大家下班後跟同事去喝酒吃飯，每週至少要去兩次。平均而言，由於這種社交需求，南韓民眾每週喝掉十四杯烈酒，這是職場文化的一部分[14]。在荷蘭大家並不贊成工作到很晚，在那裡你朋友不會想著，**哇噢你工作好拚，你真是位高權重**。他們會這麼想，**你是不是搞錯了什麼？**又或者**你一定不太擅長自己的工作，才需要待**

晚一點。在英國很多人都是工作狂，認為在公司待晚一點可以贏得老闆的獎勵嘉許。根據Fellowes公司的研究，在英國有超過半數的員工生病時也去上班，這是最糟糕的假性出席。在美國的情況更極端，根據一項美國旅遊協會（U.S. Travel Association）的調查，有百分之四十一的美國人沒有用掉自己的有薪假期，這是一項嚴重的警訊。有趣的是，有時候文化和社會都不自覺地遵守著自己版本的成功，因為我們在路程中仍有想追求的某些東西，像是在同事以及周遭熟人眼中看起來「成功」。雖然個人主義的興起並非沒有受到批評，但是個人主義的趨勢（根據研究，不只在西方而是全球皆然），至少意味著員工比較有可能開始探究內在，明白個人價值感更勝於外在給人的觀感。

僵化的成功定義早就已經過時了，我在本書中談的是另類的成功定義：過著均衡、豐富的生活，擁有多樣化的職涯或興趣。網際網路為我們創造了許多不同的起點，而追求夢想並沒有所謂正確方法，我們不必遵循傳統的成功模式，不管那在我們的文化中看起來有多麼理所當然。我們不必一輩子做一份工作，不需要選擇一條令人印象深刻的職涯道路然後死守不放；我們可以擁有任何一種比例的混搭職涯，可以有多樣工作來源、可以有副業；我們可以藉由許多不同的定義，來決定我們是誰、想要怎麼過日子；我們可以離開集體式的倉鼠滾輪。就算沒辦法簡單概括說出自己做什麼，沒關係；沒辦法在晚宴時用工作職稱讓人驚艷，沒關係；符合不了傳統版本的成功，沒關係，只要能建立適合**我們**的生活型態就可以了。

過去成功對我的意義

回頭看看小時候成功對我的意義，從來就不是在於分數、成績或是星星勳章，我想我只是懶，所以只想達到最低標準來勉強通過，簡直把過得去就好的藝術發揮得淋漓盡致，從來不在乎是否成為學霸，也不想得到師長的讚美。我幾乎沒有得過任何第一名的星星勳章、證書或獎盃，不過往好的方面想，這也表示我不必焦慮，沒有要去維持任何特殊頭銜的壓力。一旦成功了，你就有壓力要**維持**那樣的成功。有個不甚嚴謹的理論提到，為何有那麼多出名的年輕演員舉止失控，他們因為成功而不斷嶄露頭角，接著就容易感覺失去了什麼，而陷入一段向下沉淪的職涯低潮。在童年的我看來，當個平庸的人實在合理多了，如此一來，別人就不會對你有太高的期待，要是期待太高，將來你一定會讓人失望。而事實證明，不去競爭是輕鬆度日的方式，能夠降低焦慮，我向來主動避開大部分課堂上的競爭，改為選擇一般程度的快樂，並且在社交上表現良好。玩桌遊我也是這樣，總是有人會變得很競爭、在玩大富翁的時候比我有錢、大把數著我的一元紙鈔，但我就是不在意。

隨著年紀漸長成為青少年，我開始發展出一種不同的成功定義，對我來說，那時成功是依據受歡迎的程度而定，無關聰明與否，只要能獲得最多的社交關注，就會使我高興得不得了，一路蹦蹦跳跳地回家。只要某個受歡迎的人物讓我坐在他們旁邊，給我最後一顆Rolo糖果，或是運動時挑選我加入他們那一隊。社交場合總能讓我充滿成就感，如果受邀參加很潮的派對，我就很得意；如果比較年長又有型的孩子給我香菸，我就覺得超開心。某些方面來說這至今仍是我的定義，我覺得自己最成功的時候，工作上總是圍繞著善良、有趣的人，或者是身邊有幾十年來的密友。

我二十一歲的時候搬到倫敦，預期自己會埋頭苦幹，很高興身在倫敦，能設法在世界上最富有的城市之一求生存，而且還活下來了。我想當作家，不過那可以再等等，我只想得到任何一份工作，做的還可以，只求準時下班，那就夠了。但是後來情況有了變化。

我的副業還有部落格走紅之後，我開始受邀參加「圈內」派對，人家開始告訴我，我很成功，問題是在別人眼中看來成功（並不一定是你的成功）會讓人上癮，如果能夠符合社會上的成功標準（通常很膚淺），你會得到獎勵。透過線上的方式，我們變成由「讚」和留言來確認自己的價值感，在線上獲得關注就像多巴胺一樣令人上癮，讚與留言給人的感覺很棒，就像性、藥物和深深的擁抱一樣。我沉迷於得到更多正面回饋，為了自己看似成功的虛擬成就，這一切開始賦予我力量，控制我，而且掌管了全局。我沒在跟別人比，而是在跟自己競爭，我比的是上一件我成功的事情。這讓我開始追逐自己的尾巴，然而想追上不切實際的目標相當累人。

快轉到現在，成功對我來說是什麼？

有些人說，成功對他們而言就像擁有足夠的彈性，可以在週間去戲院看一場午後的表演。自由對我來說很重要，大家想要自由，即使簡單到有餘裕用自己的方式處理瑣事也可以。彈性工作求職網站FlexJobs在二〇一五年八月針對兩千六百名雇員做了調查，大多數的人表示，他們其實寧願在辦公室以外的地方處理最重要的任務[15]。

回顧自己的經歷，我真心覺得自己成功了。想到我身邊的人際網絡，我擁有維繫幾十年的友誼；覺得成功，是因為我有時間能夠經營我的關係，就像經營其他專案一樣，有時間反思、旅行，還可以休假一下午，也有足夠的金錢可以過活。

具有能力可以更靈活的工作、從事自己的副業、為自己的工作和個人身分添加不同的話題和組成部分、利用成年之後就失去的那些有趣技能，這些全都加進了我個人的成功定義。從外在看來成功似乎很渺小，但是內在感覺起來卻是強大無比，複合式工作法是拓展眼界的新方法，讓人不再感到受限，並且明白在這世上，人人都有多樣的角色可以扮演。

成功對你來說是什麼？

成功，這個詞概括了許多不同的涵義、觀念、潛意識的先入為主。成功**真的**還是人家斬釘截鐵地告訴我們的那些意義嗎？我們該如何重新掌握、明確定義自己的成功？寫下你的定義之前，有時候看看別人的想法也能給你一點靈感。

成功對我來說是……

洛蒂，公關經理（千禧世代）

「受信任、尊重，工作得到認可，能保持真誠（合作的是我真心認為有趣或可靠的人或專案）。不論是否因為工作的緣故，能實現我真心喜愛的事物，讓我由衷感到快樂。最讓我感到消極無趣的，就是從事我認為不可靠，或是與我無關的事情了。」

安娜，雜誌編輯（X世代）

「幾年下來意義真的改變了，我不知道是不是因為年紀大（希望智慧也多了⋯⋯）也有了女兒。不過在城市之間飛來飛去，世界各地有個幾間公寓，過著光鮮亮麗、夢想成真的國際記者生活，已經不再是我的成功定義。那種生活以工作為中心，衡量成功的標準是你花了多少時間工作、你賺了多少錢——一切的重心都是你、你、你。現在我的價值觀改變了，成功多多少少與工作相關，但是超越了表面。工作上，我關心的是培育我的團隊，我關心自己真正在做的事情我是否有所貢獻？有時候只要能有作為，不論有多微小，對我來說，成功就是忠於自己的價值觀——並且有勇氣遵循著它生活。」

莎拉，安寧療護顧問／烘培主廚（嬰兒潮世代）

「成功對我來說就是從事有意義的有薪工作，讓我能自主決定工作的方式，帶有大眾認可的成分、知道自己受到尊重，尤其是來自專業領域的同儕。我想得到足夠的薪資，才不會常常為錢煩惱，也夠給自己一點獎賞。我總是希望能達到更高的境界、學習更多，對我來說成功不是終點，而是一種需要維護的狀態。」

娜塔麗，視覺藝術家（千禧世代）

「我花了很長的時間替自己定義成功（仍然有點掙扎），不過可以肯定的是，充滿自信地做決定最能讓我感覺『成功』，生活中沒有干擾的雜音，能夠實行計劃中的決定，不論在工作上或是生活上。這一切都與我內心深處的感覺有關，而不用去試探別人對自己的想法，只要我對自己的決定和所做的事情感到快樂，我想那就是成功的。」

蘇菲，內容編輯企劃（千禧世代）

「我常常在想這件事情。我已經有過四種職業生涯了（新聞業、臨床心理學、慈善／數位之類、播客！）年輕一點的時候，我認為成功與認可有關（也就是別人會看到你的名字印在某處），現在年紀大一點了，我明白更重要的是要快樂，要樂在工作，不管你做什麼都一樣。」

艾力克斯，餐飲公司創辦人（X世代）

「現在成功是指取得工作與生活之間的恰當平衡，讓我能夠以所需的精力和熱情來經營生意。我也覺得其實成功就是還在『營業中』這麼簡單，餐飲業是一場現實而老成的比賽，只要能待在這行業裡，想辦法賺到錢，我想我就算是成功了（羞）！」

喬琪，物業經理（千禧世代）

「噢，這很難講清楚，成功就是超越界限，不只是個人的，還有社會認定我這個年紀／身為女性（！）該有的某種程度的成功。比別人更快升到資深的級別，比其他經理／主管年輕，在一個男性為主的產業裡繼續獲得升職。經濟安全、個人幸福，對自己的所做所為感到自豪、得到旁人的尊重。」

莉茲，高階人力仲介公司霍斯比聯合組織（The Hoxby Collective）創辦人（X世代）

「愛我所做的，忠於自己的工作風格——不論當時那是什麼。我深深相信，每個人都應該對自己所做的事情充滿熱情、在生活中感到充實，不論是工作、家庭或嗜好都該如此。我認為在工作上感到充實能夠促成更幸福（也更有生產力）的整體社會，大家應該不斷反思，探究自己在做什麼、是怎麼做的，直到能夠感受到真正的幸福為止——改變永遠不嫌晚。每個人都應該要能夠讓工作配合自己的生活，而不是反過來。」

瑞秋，獵人頭公司 Talent Atelier 創辦人（X世代）

「有時間可以真正去反思我做到了什麼——如果我只是一直工作，從來沒有退一步想，那我不認為有達到成功的可能。成功可以有很多種形式，不過我常常沒有意識到自己的成就，除非有人提醒我，這實在很蠢，人家會說『嘿，你有自己的事業還有員工，超酷的』，然後我就坐在那裡想著『噢，對耶』。不過成功也很討人厭，如果你是創業家，大概會有種自己是冒牌貨的感覺，沒辦法理解自己做了什麼，你可能會樂個幾秒鐘，但接下來你就會專注於下一件事情了……」

凱特，作家——著有《治癒友誼》（*The Friendship Cure*）一書（千禧世代）

「我最近常常在想這件事情，我發現自己比較不在意成功的定義了，跟大概十年前比起來，我已經重新調整過自己的野心，以前是很大、典型的成功標誌，例如明明白白的電視或廣播電台職涯，現在比較個人化，像是做些很酷的事情，讓自己得到鼓舞。我覺得我現在追求的成功比較明智，沒那麼瘋狂了——比較密切攸關幸福與創意，更勝於看似了不起的事情。所以現在成功對我來說，就是能與我尊重的優秀人才合作，能從事我在乎的工作，期待能有長遠而有趣的職涯（而非火速成就大事）。事實上我開始了解，接下來我還會工作好幾十年，所以不必急著成功——更重要的是能長期從事很棒的工作。」

葛蕾絲，紀錄片製作人／倡議者（Z世代）

「這真的要看心情而定，還有我有沒有安全感。當我感覺整個人和生活都很舒適時，我判斷成功與否是根據我的快樂程度，而大多時候都是能跟合得來的人一起工作。不過有一陣子我的精神低落、害怕死亡，常拿自己跟周遭其他人比較，我會覺得必須一口氣得到奧斯卡獎和英國影藝學院電影獎（BAFTA）的提名，才能證明自己有才華。」

莉芙，寫手／部落客（Z世代）

「最終能有快樂、滿足的感覺，不會因為我的職涯而有壓力，也能夠溫飽。這表示我能夠創造自己的職涯，以有創造力的產業養活我自己。以前都是和數字有關，覺得要比得上別人，但是隨著年紀增長，我比較能看得出來真正讓我感到成功、滿足而充實的是什麼。」

應用練習

你的成功定義是什麼？寫下並觀察你的成功定義有何變化，從孩童時期、青少年到成人階段，有哪些需要改變或調整？現在有哪些對你的整體幸福和滿足比較重要或比較不重要？你去掉了哪些定義？生活中哪些部分會讓你覺得最充實？生活中哪些部分讓你覺得最成功，原因是什麼？

另一項很好的練習是寫一份清單，列出那些看起來可能不錯、但是對你個人來說並不重要的事情，把清單寫下來，然後實際把每一項畫線槓掉。

釐清自己的成功定義並且寫下來，好處是能讓你對自己的個人定義有安全感，無需跟任何人互相比較。這表示你擁有一個不讓人家知道的版本，你不想講就不必跟別人講。這樣你比較不會拿自己去跟別人比，因為他們可能正在實現他們自己版本的成功，你的行動看起來很可能完全不同，而那是為了實現**你的**成功所需的特定條件。

如何製作自己的圓餅圖

做法是把清單放上幾個星期或幾個月，列出全部能讓你感到和諧的事情。在那些上床前覺得「今天過得還不錯」的日子裡，寫下自己做了哪些事情，你可能會覺得很驚訝，那些行動或產量竟是那麼的小，像是煮一頓好吃的飯、趕上截止日期、替某人買份不錯的生日禮物、花時間從事自己的興趣或是獲得加薪。不論是什麼，都要寫下來，重點在於寫下真正讓你感覺良好的事情，**而不是**你認為看起來不錯的事情。接著把全部加以分類（也就是說，如果你提到很多遠離辦公桌的時光，或許可以分類成「旅行」），並且依照對你的重要程度來分配百分比。

把這張圓餅圖擺在你的書桌前，貼在筆記型電腦上或是你常用的筆記本上提醒自己。我每年都會重新評估一次，這樣做能提供你足夠的展望，讓你看清自己的成就，以及你可能已經有過的改變。

以下是我的版本（一直都在變，這也沒關係！）

我的成功版本

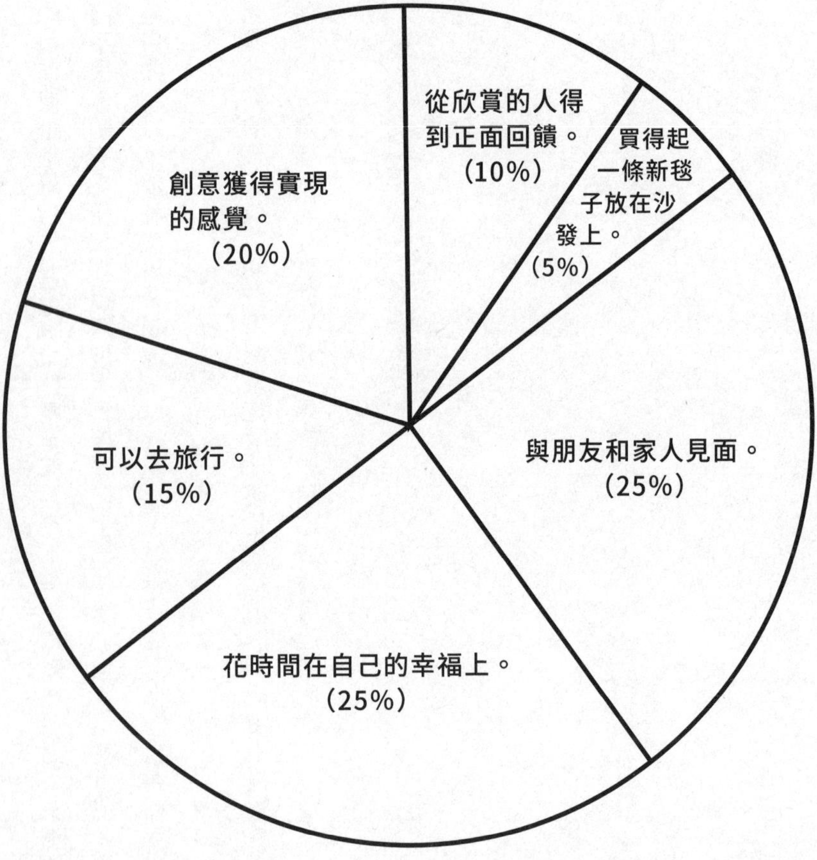

從欣賞的人得到正面回饋。（10%）
買得起一條新毯子放在沙發上。（5%）
與朋友和家人見面。（25%）
花時間在自己的幸福上。（25%）
可以去旅行。（15%）
創意獲得實現的感覺。（20%）

2
Chapter

世代與動機

人生最大的諷刺之一就是每個世代都相信自己的經歷獨一無二。

——約翰・墨爾丁（John Mauldin），金融專家暨紐約時報暢銷書作家[1]

不同世代總是覺得彼此之間的距離很遠，所以真正的挑戰在於去除刻板印象，不過這很難。才打下這句話，我的心裡立刻就浮現了各種刻板印象：年輕世代對我來說似乎是種威脅，而年長世代看似明智，有時候卻也很會批評別人。不過光是根據在哪一年出生就被貼標籤放進某些類別，這實在沒什麼道理可言。

同世代的人每個都在略有差異的情況中成長，卻會與同一年或同樣十年之間出生的人擁有某些相似之處，畢竟我們都是環境和成長時期經濟的產物。

不過，世代之間的差異是什麼？接下來我將探討每個世代的不同動機，看看他們出生的年代如何形成了某些工作倫理、職涯以及他們如何定義成功。

世代概觀[2]

沉默世代（1925–45）

沉默世代的工作倫理很強並且服從，根據理財網站 TheBalance.com，這是因為這一代的人被認定要「隨傳隨到、安安靜靜」[3]。

根據培訓公司 Amanet 指出，「他們很敬業、很厭惡風險，他們的價值觀形成是在經濟大蕭條、第二次世界大戰和戰後繁榮的那幾年。沉默世代具有『團隊合作與協調的強烈責任感，並且重視培養人際溝通技巧』。」

嬰兒潮世代（1943–64）

嬰兒潮世代之所以有此稱呼，是因為他們是第二次世界大戰後新嬰兒「湧現」的結果，他們是第一代整體而言經濟狀況比父母好的一代。根據理財網站 TheBalance.com：「在嬰兒潮世代年輕的時候，學校人滿為患，大學沒有名額，就業競爭也十分激烈。因此年紀輕輕的嬰兒潮世代就學會了爭奪資源和成功。」他們也更願意接受新事物，不像他們的父母那一代如此僵化、順從。「比起上一個世代，他們比較樂觀也比較容易接受改變。他們也是『我世代』（Me Generation）的濫觴，因為他們追求個人的滿足。」培訓公司 Amanet 這樣形容道。

X 世代（1961-80）

這個世代的標籤隨著道格拉斯・柯普蘭（Douglas Copeland）的《X 世代：速成文化的故事》（*Generation X – Tales For An Accelerated Culture*）一書變得流行起來，千禧世代在網際網路上長大，X 世代則是創造了網路。根據培訓公司 Amanet 指出，「X 世代天生就會質疑權威形象，創造了工作／生活平衡的概念。出生在人口成長下降的年代，這個世代的勞動者擁有強大的技術能力，也比前幾個世代更為獨立。」

千禧世代（1982-2004）

千禧世代又稱為 Y 世代，是「第一個以全球為中心的世代，在網際網路快速成長之際長大成人，又受到全球恐怖主義的威脅。」根據培訓公司 Amanet 報告，由於他們青少年早期都在網路上成長，他們「明顯獲益於科技和一九九〇年代教育計劃的普及。千禧世代也是今日勞動者中教育程度最高的一代。」

Z世代（2000–2014）[4]

Z世代還不太熟悉職場，不過多年來他們一直擁有各式各樣網際網路的嗜好，因為基本上他們一直都掛在線上。最有可能從事的是尚未發明出來的工作，他們在乎的是要有目標，並且參與社會運動，根據商業雜誌網站entrepreneur.com指出，「與先前幾個世代的人相比，他們的成長環境比較包容和尊重。」

幾個顯著的世代差異

想到我與我父母之間的分歧，微觀來說，我不覺得我們的生活方式差別很大。根據報導，嬰兒潮世代是目前增長最快的社群媒體使用者，但是他們開始工作的時候，我的工作還不存在，所以我無法徵詢他們細節或建議，因為就業市場變化如此迅速，他們現在也已經退休了。而我們跟大學的關係不同（我的學費驚人，我爸則是免學費）；我們的房地產市場體驗也不同，不過我們之間的差距在某些方面來說，要比我爸跟我祖父之間的世代差距小多了。我可以跟我爸聊大部分的事情，他是科技達人（有辦法叫數位助理 Alexa 在他的 Sonos 喇叭播放音樂），他了解我這個世代的奮鬥，可以談到比較細節的部分，我們也有很多共通點。不過我爸的父親屬於沉默世代，沒有接受過真正的教育，十四歲就離開學校去屠夫的店裡工作然後參加戰爭，從來沒有電腦或手機，他做過的很多事情我永遠也無法感同身受。

所以你可以說世代之間的差距變小了，但我們是否因為使用類似的科技而變得更加緊密？第一個數位原住民世代（又稱千禧世代）是否會與他們的數位原住民孩子更加靠近？畢竟這將是史上第一次，由百分之百的數位原住民生下另一代的數位原住民，我們在同樣的世界裡前進，但仍然會有分歧，因為科技的進展太過迅速。

我們的工作結構數十年來一直差不多，打從沉默世代以來就沒有多大的變化，想想沉默世代與 Z 世代之間經歷了多少改變，工作上卻沒有大幅度的變化，簡直太荒唐了。朝九晚五、待在座位等著數人頭的心態仍是備受讚賞的忠誠表現，那是沉默世代遠勝過生產力的優勢。我們仍然把面對面接觸視為優先，就跟沉默世代一樣，那很重要沒錯，但並不像以往那麼必要，因為當時完全沒有科技。我們距離以往工作的樣子十萬八千里遠，到底該怎麼讓工作改頭換面，徹底符合新世代呢？

為什麼我們總讓世代彼此對立？

某個體制長期存在之後，就會有些遺留之物（不是酒精宿醉那種）必須處理，舊體制的殘留物總是揮之不去，即使隨著時間已經有了重大改變，但依然讓人混亂。千禧世代以及之後更年輕的世代對職場的舊規矩並沒有好感，主要是因為與快速更新的科技和工具相比，那似乎顯得過時了。千禧世代多年來不斷嘗試，很早開始使用尚未被注意到的科技，早在他們開始工作之前就是如此。因此當他們發現無法真正善用自己的數位知識優勢，反而得遵守體制、階級和老舊結構時，或許會覺得有點惱人。千禧世代未必記得美好的舊日時光，因為他們畢業的時候正好遇上了經濟衰退，當時他們還不是職場的中堅份子，紙本雜誌還有大量資金可以操作；音樂產業、實體唱片依然蓬勃發展，那個時候我們也只在大街上購物。也許這就是為什麼他們比較懂得變通，樂於以新的方式做事情，或是從頭開始創立自己的事業，是因為他們不懷舊、不掛念傳統的穩定時光，也沒有多少損失。不過想要改良職場或是以複合式方法來工作的人，可不只有千禧世代。

想想實在瘋狂，如今我們有五個不同的世代在工作，橫跨十七歲到七十歲。當然這就表示會有相同與不同的工作意見、職涯歷史和價值觀，重點在找出彼此的長處，別根據對方的世代擅自假設，並且要對職場上的緊張狀態保持敏銳。

很多我待過的公司在數位部門都有新職位，我發現自己管理的團隊往往全體都比我年長五到十歲，這很有挑戰性；我也有過比我年長許多的主管，他們沒安全感的程度讓我震驚。這些情況讓我發現，沒有人在自己的職位上感到完全安穩，我開始明白為什麼會有焦慮狀態的產生。我覺得團隊合作很有挑戰性，尤其常常被隨機的分組在一塊兒。複合式工作生活型態的另一項優點是可以挑選一組量身訂製的團隊，我可以跟更大範圍的人合作，來自不同公司、擁有不同專長；我可以跟其他國家的人合作，可以在共同工作空間裡，跟大家「異花授粉」，醞釀出各種點子。

大規模的改變很緩慢，職場只是其中一個例子。工作需要在微觀層面有所改變，這有賴於改變整體的思維模式，然而，在職責上或是工作體制中要求或大或小的改變，容易引起他人的質疑，像是彈性工作仍然被視為天大的恩賜，而很少人認為這對企業來說在經濟上很合理。科技企業家暨離婚應用程式 Amicable app 的共同創辦人琵芭．威爾森（Pip Wilson）有句話概括了這一點：「我認為如今彈性工作——彈性並且有效能——人人都比從前更有機會實現，不過社會的整體思維勢必要改變。」[5] 如果新創公司以及複合式工作者的數目不斷增加，再加上零工經濟持續成長，那麼我們能否受到保護就會愈來愈重要，所以需要更多的政策來確保個別勞動者不會錯失職場的福利。這是更進一步的討論，需要新的體制和結構，而非只是短時間略為調整現有的狀況。

世代迷思

喬治．歐威爾（George Orwell）說的好：「每個世代都認為自己比上一代更聰明，又比下一代更有智慧。」[6] 我們都認為自己在做對的事情，不過觀點略有不同，會視各種因素而定，像是成長時候的經濟和環境。

我爺爺在艾斯特（Exeter）經營一所駕訓班，他退休的時候，大家才開始使用電腦，他**正好**錯過了必須把東西數位化的時機，謝天謝地！那會有多無聊啊，幾十年的文件檔案全都得煞費苦心地從手寫轉換成電子檔，接著過沒幾年就退休了。不過如今數位化的實用以及效率，對我們來說非常理所當然，沒有網際網路的狀況是很難想像的，但是宏觀考慮，網際網路仍相對新穎。雖然講到科技，我們還有很多事情沒弄明白，或還在學習中，之後也會一直如此。我們距離能在不同世代都具備科技素養，還有很長的一段路要走，如果想要了解正在使用的科技究竟是如何創造、編碼然後實行的話，可以到多世代組成的辦公室闖蕩，因為年輕的世代比較沒那麼重視忠誠度和階級。也許舊體制原本行得通，不過短時間之內發生了太多變化，組織雖然假裝自己有跟上腳步，但其實並沒有。

是時候打破恆久不滅的古老迷思了，「我們的文化如今很執著於世代標籤，以及隨之而來的刻板印象」，《不公平的標籤》（*Unfairly Labeled*）一書的作者潔西卡．克瑞格爾（Jessica Kriegel）表示，「現在千禧世代大約有八千萬人，其中有些是矽谷的執行長，有些則是中西部的非法移民，可能正在某處端盤子」，克瑞格爾說，「你不能把他們全都混為一談。而我們所做的卻是把他們擺在同一個箱子裡，外面貼上中等收入、白人、美國人的標籤，然後就說這是唯一一種千禧世代的樣貌。」[7] 潔西卡提出的觀點很好，我們應該要依據個人，而不能只靠世代就認定某人具有某些特色：「真正決定某人是否節儉，或者是否想要拯救世界，可能是父母有沒有餵飽你？是否有個很寵你的姨媽？你家裡有沒有書？你有沒有念過好學校等等。」她說，「成長過程中，有大量因素決定了你是哪種人，而這種以二十年為一代的武斷劃分，雖然廣泛為人所接受，卻不是其中一種因素。」[8]我們不能否認有更大的影響因素，而不只是你出生在哪一年。據招募與聘雇聯盟（Recruitment and Employment Confederation，REC），我們即將看到重大的改變，因為「嬰兒潮世代占勞動力的比例下降，由影響力愈來愈大的年輕世代加以彌補，他們比較重視彈性、工作、生活平衡以及個人發展」[9]。如果年輕的世代真的如研究所說的那樣，比較重視這些價值觀，那麼我們可以預期職場在未來十年內將會迅速改變。

或許世代分歧最明顯之處，在於年長世代給年輕人貼的標籤，例如像是千禧世代「懶惰」、「自認有權」。事實上，理解的鴻溝是由於溝通中斷所造成的，提及在職場上想要的、需要的以及價值觀，千禧世代在媒體上出現的形象通常是「不肯工作」或「草莓族」，我認為這種說法不太公平，他們只不過是想用不同的方式過日子，因為他們知道那麼做是有可能的。千禧世代不願意從事全職工作，這是英國國民保健署（NHS）有員工問題的原因之一，根據英格蘭健康教育（Health Education England）首長伊恩・康明（Ian Cumming）在《泰晤士報》（*The Times*）上指出，「國民保健署必須適應千禧世代的偏好，否則無法吸引並留住年輕人。」[10]千禧世代的偏好是指在工作時間上有彈性和更多的選擇。美國新聞網站上也有警力和消防部門員工短缺的文章，據報導這是因為千禧世代想要太多的彈性，或太常在工作之間換來換去。然而我們不能將周遭體制所需要的改變，怪罪在整個世代的工作行為和思維模式上。問題應該是：我們該如何滿足在**所有**產業中，日漸變得彈性的勞動力？我們明明有機會重新調整工作日的模樣，而且科技與自動化顯然對全球各個產業有正面的貢獻。

認為嬰兒潮世代不擅長科技是一種錯誤的觀念，就像認為所有Z世代的年輕人都無所事事，整天只想自拍一樣。只因為他們出生的年份相同，就把人如此輕易地概括在一起並不合理。嬰兒潮世代常常被認為不精通數位，當然未必都是這樣，根據谷歌一項報導指出，嬰兒潮世代花在上網的時間比看電視的時間還要多！比起年輕世代，他們更有可能在臉書上分享，甚至獲得了銀網族（silver surfer）的稱號。嬰兒潮世代也擁有最多可支配收入，大部分人的房地產都是自有的，因此這個世代能夠負擔升級家中的小玩意，使用最新產品。所以說到複合式工作的生活型態，這絕對不只適用於某個世代而已，每個世代都能從彈性和自由中獲益，並學會新技能。

早在二〇一〇年就有研究，尼爾森調查公司（Nielsen）發布報告顯示，嬰兒潮世代在科技上花的錢最多：「嬰兒潮世代不愛科技其實是個錯誤的觀念，他們只占人口的百分之二十五，（以花費的總金額來看）消費卻占了百分之四十。」尼爾森調查公司的資深分析副總裁派翠夏・麥克唐納（Patricia McDonough）表示[11]。根據研究公司 Forrester Research 的年度基準調查科技研究，他們也比其他世代平均花更多錢在網路購物上。工作的未來樣貌影響到全部的世代，每個世代都能從中得利，因為網際網路可以提供彈性、新的工作職缺或是各種副業，如果認為我們的適應速度不一樣就太不公平了。

老一輩的社群媒體使用也在增加，根據英國國家統計局（Office for National Statistics），六十五歲以上的人口當中，每四人就有一人正在使用社交網站，像是臉書或推特，人稱他們是 IG 長輩（Instagrans），六十五歲以上自稱活躍於社交網站者，去年便增加了百分之五十[12]。

七十五歲以上使用社群媒體的人，去年幾乎增加了一倍，英國通訊傳播管理局（Ofcom）發現，七十五歲以上的人有超過百分之四十一會使用，比起前一年的百分之十九增加了不少[13]。嬰兒潮世代喜歡培養自己在社群媒體上的追蹤者，就跟 Z 世代一樣，也喜歡升級自己的數位工具。

提姆・柯雷特（Tim Kellett）是管理顧問公司 Paydata 的主管，他表示具備多樣技能的員工應該被雇主視為資產，「由於員工想要掌控自己的工作地點及方式，雇主必須懂得變通，才能留住這類人才。」[14]不能只是排擠千禧世代和 Z 世代，責怪他們「自認有權」，這可能表示雇主需要調整職場，才能把有能力的人留在組織內，否則員工只會離開去發展自己的專案，因為他們有能力這麼做。《大西洋月刊》（*Atlantic*）的作家珍．圖溫吉（Jean M. Twenge）在她的文章〈智慧型手機是否毀了這一代？〉（Have Smartphones Destroyed A Generation?）中說道：「世代研究的目的並不是要屈服於傳統之下，一味想著過往的行事方式，而是要了解現在的情況。」[15]這是重點：我們必須往前看，接受當下的實際情況。緬懷過往時光沒有意義，除非我們能學到教訓或解決方法，並應用到現今的狀況上。

如今我們身在何方？

談到任何一種改變，我們深陷其中時總是很難說明白，很難正確地看待一切，因為我們被包圍著，不斷改變、歪曲，就像萬花筒一樣。但是最近幾年發生了重大的變化，我們做決定和表達自己的方式都變了。網際網路改變了我們的見聞，萬事皆觸手可及，很難說我們究竟是知道的太多，還是一無所知。談到信賴、技能、連結與文化，這些都改變了，因為我們全深陷在線上的世界裡。

信任改變了

信任的問題未必是出在我或你身上，而是現在的世界。對領導人和政治掌權者的信任既脆弱又薄寡，網際網路上充斥著各種資訊，我們因為質疑其真實性，要三思後才會轉發。愛德曼全球信任度調查報告（Edelman Trust Barometer）非常有趣，這項報告每年會指出我們對媒體、政府等等的信任程度。我記得九〇年代早期的時候，當時的信任就已經從「信任媒體」轉變為「信任同溫層」，大家開始相信部落格的推薦，更勝過電視廣告。這說得通，但是在那之後，關於信任的討論又改變了。二〇一七年的愛德曼全球信任度調查報告顯示出最大規模的信任度下降，範圍遍及政府、企業、媒體以及非政府組織。數據中對媒體的信任程度在十七個國家中排名最低，對於政府的信任程度則是在十四個市場中都下降了，領導人的可信度也岌岌可危，執行長的可信度在全球下降了百分之十二，來到史上最低，每一個受研究國家的信任程度都急遽下降。由此可知，人們對於權威的信任正在消失中，取而代之的是相信與我們最親近的人，還有與我們最相像的人。英國人信任親友的程度，是信任政黨和領導人的四倍以上[16]。我認為對公眾人物缺乏信任並非巧合，網路上經常充斥著謊言，有更多的資訊可以供人私下研究、了解。在美國有百分之八十八的千禧世代說他們只會「偶爾」或是「從不」信任媒體，我認為這與焦慮的增加有很大的關係。我們愈不信任外部資源，就愈容易擔心，如果我們再不信任大人有辦法解決問題，那麼我們在生活中的其他方面，就得承擔起這股壓力和焦慮。少了信任，事事都有點懸而未決，就像是隨時都有可能瓦解一樣，此時此刻，重建信任是一項迫切的任務。

需要的技能改變了

我認為職場上許多的分歧都源於誤解和恐懼，而那樣的恐懼是可以理解的。在最近的一篇文章中，哈拉瑞（Yuval Noah Harari）表示「到了二〇五〇年的時候，可能會出現一種新類別的人——無用之人，這類人不是失業，而是無法受僱。」[17]是因為機器人和人工智慧的出現，導致許多人被迫失去工作。他還說我們的處境很快就會變成「沒人知道上大學該念什麼，因為沒人知道二十歲時該學什麼技能，才會與四十歲從事的工作有關聯。」這聽起來顯然不是一件有趣的事情，不過卻很真實。一切的挑戰在於擁抱這些恐懼，創造出更好的工作關係。塔納哈希·科茨（Ta-Nehisi Coates）在麥道爾藝術村的主席之夜（MacDowell Chairman's Evening）講過一段話刊在《紐約時報》上，他談到他的恩師大衛·卡爾（David

Carr）：「他擁有一種奇妙的能力——不畏懼年輕人，他會全心全意投資在年輕人身上。」這讓我意識到我自己的老闆當中，有許多人未必會試著提拔比較年輕的員工，也不會善用手邊的新技能，反而出於恐懼，常試圖排擠年輕人。

成長的過程中我一直相信，如果網際網路占據了我生活的一大部分，我也必須相信生活可以因為網際網路而稍微輕鬆一點。網際網路讓我找到職涯的捷徑，我可以給自己一個平台，獲得來自不同角落的更多機會。我使用推特跟雇主聯繫、透過部落格得到更多工作；我利用網際網路掌控自己的職涯，在一個難以打入的產業中躍升。我在公關環境中的全職工作發展得不夠快，因為公司規模太大了，所以我就在副業上試驗新工具。即使你的工作沒辦法提供有趣、刺激的方式讓你改善表現或嘗試，好消息是你可以利用閒暇時間這麼做。我廣泛閱讀各種東西、策劃推特列表、訂閱網路摘要（RSS feeds）、發布網站、利用免費版本訓練自己的 Photoshop 技能……我明白不需要等大公司培訓我，因為就算他們會這麼做，也是數月或數年之後的事，那太遲了，我必須訓練我自己。最棒的是，我可以利用傍晚或週日早上三十分鐘的時間這麼做，順便喝杯咖啡，於是我開始樂在自學新事物，心平氣和地定期運用自己的時間，因為這麼做永遠不會白費。關鍵在於保持好奇心，到處挪點可用的時間來學習。

推特公司的布魯斯．戴斯利（Bruce Daisley）在《泰晤士報》說了一段有趣的話，談到現代職場改變緩慢的特性：

如果在二十年前，試想網路會如何改變工作，朝九晚五地坐在辦公桌前，大概是我們預期最有可能會消失的事情。然而到現在，待在辦公桌前依然被視為衡量大家是否有好好工作的主要方法。我們沒有改變，只是有很多事情做過頭了。[18]

朝九晚五對於沉默世代來說之所以行得通，其中一個原因是因為當時許多人做的都是體力粗活，必須徒手操作機器。以前光靠一人養家糊口也很正常，一個人（通常是男人）去上班（哪個時段都可以，不過通常是朝九晚五）也沒關係，因為他們的配偶（通常是太太）可以待在家裡照顧小孩。不過我們已經往前進了（感謝上帝），但要是家中兩份職涯都用同樣的速度發展會發生什麼事呢？則會需要更有彈性、更加陰陽協調的方法，因此有許多新工作可以兼職或是遠端工作，適合沒辦法進辦公室的人（新手媽媽、照護者、殘障人士），這有助於增進職場平等，為大家創造更多的機會，不論每個人的狀況是什麼。

能工作的地方改變了

並非所有工作都允許有彈性，不過朝九晚五真的讓我很困惑，身為一個在成長過程中學過基礎編碼技能的人，我知道如何在睡覺的時候讓網路上排程發文，從十二歲開始我就能在手機上進行多項任務。千禧世代得到「自認有權」的標籤，但是我並不介意從這群人身上拿走這個標籤。朝九晚五的工作日概念建立在維多利亞時代，當時沒人真正在乎勞動者，所以不意外地，這個概念讓現代人感到迷惑。這是個在臥房裡就能賺錢的世代，因為他們想要這麼做（或許吧），也必須這麼做，其中令人費解的是，我們手機裡有工作上的電子郵件，但同時又被告知必須堅守朝九晚五的上班時間。我曾經是那個在上班的火車上回覆電子郵件的人，結果遲到了五分鐘，不得不承受辦公室裡來自四面八方眼神死的目光。

在二〇〇一年的《生理時鐘療法》（*The Body Clock Guide to Better Health*）一書中，作者麥克．史摩蘭斯基（Michael Smolensky）與林思．蘭柏格（Lynne Lamber）探討了雲雀與貓頭鷹理論（我一直深信不移）。「每十人中有一人是黎明即起，迫不及待要上工的早起鳥兒、雲雀。每十人中大約有兩人是貓頭鷹，喜歡熬夜到凌晨。其他人是中間值，我們稱為蜂鳥，或早或晚都能準備好去上工。」[19]因此可以理解朝九晚五的由來——工廠及辦公室需要光線、有遮蔽的地方、面對面的接觸，以及大部分的人都是蜂鳥。然而這些不同的生理時鐘類別也顯示出，我們無法全體整齊劃一地符合某個框架，或是在某段時間內全都處於最佳狀態。彈性工作應該變得更流行才好，東湊西挪一個小時，可能就會讓某些員工產生重大的正面改變，我們現在這麼容易被找到（或許太容易了），為什麼不欣然接受這一點呢？我絕對是貓頭鷹那型的，書上說「貓頭鷹通常不吃早餐，早上總是匆忙趕著去上班。」但要是早上給我一點時間準備，當天稍晚我就絕對能夠把事情都辦得妥貼穩當。我們應該受到鼓勵，在學校的時候就早點釐清這些與自己有關的事情（此外還要學學繳稅是什麼），因為你夢想中的工作很可能取決於你的生理時鐘：「如果你是雲雀，你大概不會喜歡當個夜班調酒師；如果你是貓頭鷹，你就很難負責播報晨間新聞。」

商業雜誌《Fast Company》上有一篇文章題名為〈如何根據睡眠習慣設計你的理想工作日〉（How To Design Your Ideal Workday Based on Your Sleep Habits）[i]，在文中睡眠專家麥可．布勞斯（Michael Breus）表示你可能是熊型人（一般睡眠模式，占總人口的百分之五十到百分之五十五，日常作息在七點到十一點）、獅型人（不用鬧鐘就會醒來，大約占總人口的百分之十五，日常作息是早上五點半到十點）、狼型人（痛恨早晨，代表總人口的百分十五到百分之二十，日常作息是早上七點半到晚上十二點）有了這些關於睡眠模式以及生產力的研究，我們為何還無法欣然接受、充分利用研究來更了解自己，並且應用到職場例行公事上呢？彈性不只牽涉到數位千禧世代遊牧民族，那些在蘋果筆電上貼貼紙的人、單親父母、患有慢性疼痛的人、年長的勞動者……我們全都能因為在生活中加入一點彈性而獲益，而且不必為此有罪惡感。彈性也與生產力有關，因為人一旦成為自己時間表的中心，他們就能處理更多的事情。

> 重點在於，由科技與運作良好的市場所驅動而成的生產力，帶來的財富遠比工作時數來得更多。
>
> ——二〇一二年在《外交政策》（*Foreign Policy*）上的文章，作者為查爾斯・肯尼（Charles Kenny）

i 譯注：此文章出自《生理時鐘決定一切！》（*The Power of When*）。

工作文化改變了

職場文化很奇妙，不是嗎？我在面試很多工作的時候，常被告知我的履歷看起來還可以，但他們真正想知道的是，我能不能適應辦公室的文化。這職場文化究竟是什麼？基本上，那就是該組織的特徵和性格，是那裡的人、社群、氛圍，還有你在那裡有什麼感受。重點是我待過的公司裡，有些文化非常有趣又能激勵人心（週五下午的團體報告！免費的滑雪之旅！），但是我卻很痛苦。我覺得自己不知感恩，覺得自己享有特權，可是我也覺得這些額外待遇並不能讓我在工作中感到快樂，反而只讓我覺得更依賴我的正職、更虧欠公司，如果我想要任何一種彈性，只會覺得更有罪惡感。成功的職場文化不能只靠額外好處，文化不只是週五免費暢飲啤酒，也不是免費甜甜圈，文化遠遠超過那些東西，是關於一個環境給你的感覺，還有跟你一起工作的人。

我對推特的新文化二・〇宣言相當感興趣，這是一個公司改革的例子。在他們的新工作宣言中，有許多聲明讓我產生共鳴，包括「四十小時就夠了」、「拿回午餐」、「數位安息日」（digital sabbath），鼓勵員工「擺脫數位奴役」。這是一個跡象，就連數位優先的公司也鼓勵要有更多離線時間來與同事交流，能讓人更快樂、更充實。工作與生活的平衡變得相當重要，不只是對千禧世代來說而已。

《財富》（*Fortune*）雜誌在美國所做的一項研究指出，平均而言，千禧世代願意放棄每年七千六百美元的薪資，來換取能提供良好環境的工作[20]。這個結果顯示談到工作的時候，周遭環境的舒適與快樂事關重大，甚至會影響到我們對工作的選擇。工作環境很重要，它涵蓋了辦公室文化、同事、彈性餘裕、自然光線、最新科技，還有對於公司來說成功是什麼。

職場階級改變了

德勤公司（Deloitte）有項研究調查了七千多家公司，發現有百分之九十二受試者將組織重新設計列為「首要任務」。任職於德勤公司的賈許・博森（Josh Bersin）負責這項研究，他認為大家的工作不再有明確的定義，而是橫向在不同的專案之間進行[21]。在大部分的現代工作上（儘管並非全部），階級必須退居二線，或者至少必須重組、重新審視。當然要是工作時間比較久，從本質上來說就會比較有經驗（例如外科醫生），但是在一些剛創造出來不久的新職位上，我們看到比較年輕的世代透過自修學得更快，也因此掌握了某些優勢知識。沿著階梯往上爬再也不是那麼簡單的事情了，職場階級曾是一種成功的手段，能讓勞動者遵從規則，但是這種策略在未來不會那麼有效了。

階級不如從前那樣管用，因為專門技能已經變了，專家看起來未必會像一位長期任職的執行長，尤其是如果讓他們免除日常微小的決定。新產業和新的工作方式比較可能有的是小眾專家，這些人不必擁有數十年的經驗，也能證明他們是專家。專門技能無關年紀或領域年資，只要你夠深入，就能成為你正在創造之事的專家，因為你所創造的是從前沒有人做過的新工作。這是一個好時機，去創造優勢並且擁有優勢，擴展你的視野，在你的履歷上添加不同的複合物，利用這個重大改變的時機，小點子也能變成大事業。這個時候別被其他人給嚇倒了，努力創造你自己的專門技能吧。

有個錯誤觀念常常跟著複合式工作者的標籤，那就是擁有多樣化的職涯必定表示你不是專家，因為你樣樣通所以一定樣樣鬆。但為何成為專家就一定表示只能擁有某個領域的職涯呢？我們可以成為數樣事物的專家，而不必一輩子奉獻給一件事情，如今職場有趣的是有許多工作還在逐步發展，有大量的新興產業、領域和冷門行業至今還沒有任何專家，許多未來的工作也還不存在。例如不論什麼年紀，你都能成為專家，以前可得花上好幾年的光陰學習，而且唯一能夠成為專家的方式，就是跟別人學。科技開啟了許多成為專家的方法，你只需要去做、去實驗、去自學就可以了，現在正是好時機，去創造自己在新領域職涯中的專門技能，線上教學以及工具的自由化，表示任何人都可以在某個科技新領域專精，不需要傳統的訓練，因為某個課程一旦創立出來，只有幾個月的時候能夠保持不過時。只要花夠多的時間做某些事情，你就能學會新技能，這不是要你勉強精通各種事情，而是要精選多樣技能，加以磨練之後彼此互補。本書要破除沒有根據的觀念：認定人只能擅長一件事情，每個人都必須是單一專家的觀念影響了傳統上對於成功的想法，還有你必須跟前人一樣，順著同樣的階梯往上爬。我們沒那麼迷戀垂直高升的閃亮企業階梯，我們想要的是屬於個人的線性路徑，能夠反映出我們選擇的生活型態。

關鍵是公司要學會更快速地行動，對改變敏銳一點。亞倫・迪格南（Aaron Dignan）是The Read公司的投資人及創辦者（這家公司協助組織重新設計結構），他在一篇文章中說道：「即使是在自我組織、下放權力、協作、高度信任的未來裡（事實上，特別是在那樣的未來中），大家會需要在組織中確定方向，資料必須在網絡中透明而順暢地流動，必須要創造職責和專案，有人去做然後再解散，而且愈來愈頻繁才好。」[22]這表示工作職稱可能維持不了多久。公司會經常自我更新，保持靈活度，讓我們再也不能選擇要跟工作職稱或是工作身分結婚了。我們要隨著改變而行動，維持及提升自己的地位，自然而然地，視工作而定。這是另外一個許多人選擇單獨行動的原因，在工作之餘展開副業或者是投入某項專案，讓他們可以做得更快，而不必受限於某些公司裡的層層批准。他們可以學習、成長、冒險、實驗，不必每次都要找十個人簽署才行。在某些例子中，小專案躍升超過了大組織，從零成長，像是愛彼迎（Airbnd）超越了全球最大的連鎖飯店，有更多人訂房[23]。在工作之外擁有一個具創造力的複合物，能讓你增加並嘗試快速改變中的各種技能，在比較大型的公司可能會用得上（但是停滯不前的大公司可能無法讓你夠快學會那些技能）。那些技能對你的工作在許多方面都很有益，又或者你的副業能自成一格，這是一個雙贏的局面。

接受「好啊，還有……」世代的啟發

想想現在的青少年，他們在許多方面的成長都更快了——接納科技、線上學習、隨時有谷歌替他們解決任何問題。這當然有缺點，不過從許多方面來說，網際網路具有教育意義。菲力浦・皮卡迪（Phillip Picardi）是《Teen Vogue》時尚雜誌的內容總監，他在某次數位媒體Coveteur的訪問中指出：「青少年完全就是『好啊，還有……』的一代，而且他們總是能搶在你之前掌握新事物，你得一直記住這一點。」[24]史考特・漢斯（Scott Hess）本人似乎是個複合式工作者，他在領英上的檔案寫著「執行副總裁（企業行銷、世代情報），也是詩人。」Spark這家媒體代理表示：「這些人其實在遊戲網路上用聲音聚在一起，在Skype或Google Chat上則用視訊，一邊寫作業一邊聚會。這是虛擬互動沒錯，不過充滿了影像、聲音和動作，不只是文字而已。」[25]這補充說明了為何這個世代充滿點子，身上總有新想法，而且不斷彼此聯繫。

由於他們本身受的教育和伴著科技成長的自學教育，Z世代知道他們能夠得到的比薪資更多，所以他們也這麼期望著。千禧世代不太一樣，他們依然遵循著嬰兒潮世代的老路子——受良好的學校教育、獲得學位、追尋一份企業的工作、一直升遷。科技和社群媒體當時尚未興盛——千禧世代還不清楚能拿科技來做什麼，或是能做到什麼程度，例如高人氣的YouTube頻道主柔艾拉（Zoella）和露絲·潘特蘭（Louise Pentland）在離開全職工作的時候，兩人都感到很不安，柔艾拉最著名的是她說過一開始，她爸爸要她去找一份「真正的工作」，因為一切都是未知數，從前沒有人做過。但是身為Z世代她們看過這些小眾行業的發展，見識過這可以賺到錢，**還有**你可以利用平台帶來影響。千禧世代意識到某些事情必須改變，嬰兒潮世代走的路線無法以同樣的方式在我們身上發揮作用，或許這就是為什麼千禧世代重新塑造了組合式職涯（我稱之為複合式工作法）——這是擺脫艱困職涯處境的一種手段，能夠解決一些問題，不論是短期或長期。但是許多Z世代有創造力的人甚至沒有考慮過要跟企業打交道，他們從一開始就是複合式工作者，因為這樣的改變，Z世代去念大學的人也變少了。根據數位行銷代理Talented Heads的共同創辦人黛莉亞．泰勒（Daria Taylor）表示，「我們這個世代有愈來愈多人不去念大學，因為學費太貴了，他們會直接進入職場，或許再讀一些線上課程。」看起來Z世代似乎打算直接進入職場，因為等他們念完書的時候，大學的課程也很可能已經過時了，而且還有網路可以讓他們表現自我。這表示有許多Z世代必須自負風險，找到自己的道路，他們未必能夠徵詢父母的意見，這一點跟千禧世代很像。

大家很容易漠視年輕人，說他們只不過是自戀，但是這並不公平，因為這是他們成長的環境，是環境鼓勵他們要在社群媒體上獲得讚數。不過從正面來看，這個環境總會獎勵挺身而出的人，如果你不能替自己或是自己的成就在迷霧中吹響號角，還有誰會這麼做呢？正如菲力浦．皮卡迪所說：「這不只是自拍世代或是自私的千禧世代而已，這是一群觀眾透過社會正義的方式，來試圖改變這個世界。」

整體上感覺起來，我們大部分人都想要擁有某種影響力，社群媒體、出版、行動主義、在線上建立起我們自己的企業帝國，都出自我們對於未來的關心。因為守門人已經改變，在某些情況中甚至消失了，我們不需要有傳統的出版交易才能讓別人聽見我們的聲音。賽斯．

高汀（Seth Godin）在提摩西・費里斯（Tim Ferriss）很受歡迎的播客中講過一句話，可說是深得我心，他說：

社群媒體的發明不是為了讓你變得更好，而是要讓公司賺大錢的，你是公司的員工，是他們在銷售的產品，他們把你放進小小的倉鼠滾輪裡，三不五時丟一點小零食進去。但是你得決定，你打算帶來怎樣的影響？

如果社群媒體只是倉鼠滾輪，而我們都在替網際網路公司賺錢，那麼試圖在這個過程中留下影響是很合理的，影響自己的生活、影響朋友的生活，甚至是影響我們周遭的世界。找到我們是誰很重要，擁有強烈的自我意識很重要，擁有決心很重要，不要畏懼有多樣職涯和興趣。

真正激勵我們的是什麼？

認真想想這些年來在文化、技能和信任上的變化，真正激勵我們的是什麼？有趣的是，我們生活中的一大部分，如今並沒有出現在馬斯洛（Abraham Maslow，一位美國心理學家）的需求層次金字塔上。馬斯洛的「人類動機理論」是他在一九四三年的論文中所提出來的，指出人類有生理需求（空氣，食物，住所，性慾，睡眠）、安全需求（人身安全，法律，秩序）、感情需求（友誼，家庭，信任，愛情）、尊重需求（尊嚴，獨立，他人的尊敬），最後是自我實現的需求（追尋個人實現及成長）。我們生活在幸運的社會中，可以把大部分的時間都用於自我成長，而不必只為了基本生存奔波。馬斯洛的金字塔創造出來的時候，有百分之八十的勞動者都在工廠工作[26]，現在如果要重新構思這個金字塔，看來無線網路熱點跟社群媒體都一定得加進去了。

千禧世代成了社會上這麼一群人，大家會輕輕嘲弄他們很懂網路，但是卻認為他們很不擅長保住飯碗，甚至只會反對傳統辦公室的現狀。但是無法承諾只做一份工作的背後有更深層的原因，與怕吃苦無關，是因為世界正以極快的速度改變中。千禧世代正在適應，利用他們的小眾技能，而且有信心在工作生涯上冒險，他們不會遭受重大的物質損失，所以任何事

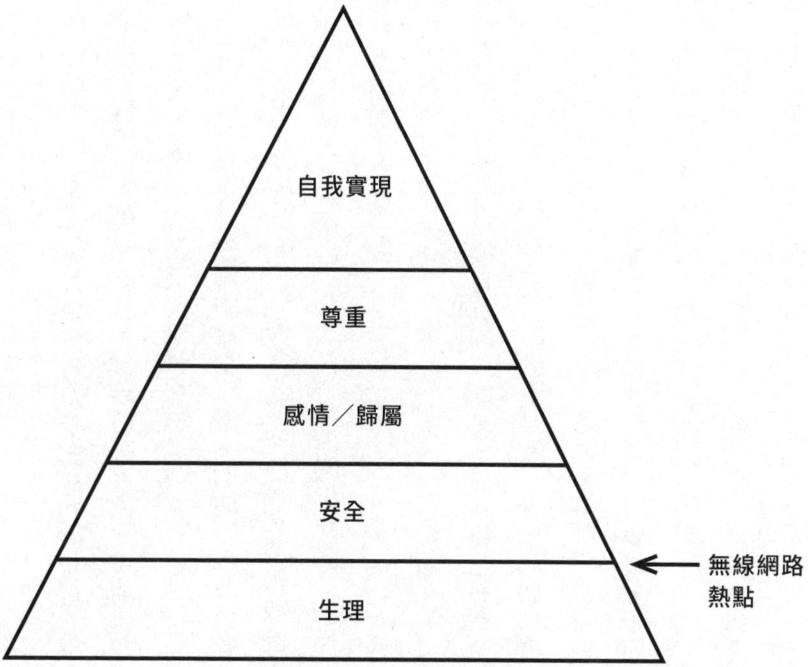
自我實現
尊重
感情／歸屬
安全
生理
無線網路
熱點

都值得一試。例如千禧世代所負擔的就學債務至少比他們的父母多了百分之三百[27]，所以在經濟上早已處於劣勢。他們也不太可能擁有自己的房地產，可能比較晚才會有小孩，所以為何不來份副業，做些自己喜歡的事情又能賺外快呢？

傳統上歸類為工作的，在過去幾年間發生了重大的變化。我的社群媒體編輯工作在五年前還不算真正存在，在學校上Myspace網站還會被罵，那時候我就跟其他人一樣，正首次自學如何寫程式碼。寫程式是二〇一五年需求最大的工作之一，從二〇一〇年開始，領英上的社群媒體職位就增加了百分之一千三百五十七[28]。英國廣播公司國際頻道（BBC World Service）的統計數字顯示，「有百分之六十五的工作尚未發明。」[29]我們處於產業不停變動的狀態，學著如何在線上推銷自己與自身的技能，透過在線上與雇主接觸，並且提升我們個人的搜尋引擎最佳化（search-engine optimisation，SEO），做點事情讓我們在線上的表現令人印象深刻。二〇〇八年的時候，領英沒有大數據架構師（big-data architect，受過訓練、懂描述大數據結構及行為的人）的職務，二〇一三年的時候有三千四百四十個（有將近百分之七十的家長承認他們不清楚孩子的工作，這也就不足為奇了）[30]。千禧世代選擇工作背後的動機大多取決於他們天生擅長什麼，又受到什麼吸引（由於在線上世界的入門時期、在線上環境成長），還有他們能得到什麼工作。

根據Elance接案外包平台一份新的研究指出，有百分之八十七的英國頂尖畢業生認為自由業是一個相當有吸引力的職涯選擇。在美國，本特利大學（Bentley University）研究了畢業生對於職場的準備程度，有三分之二的受訪者計劃要開公司，其中有百分之三十七打算獨自工作[31]。朝九晚五的末路不斷浮現，因為千禧世代更有可能從事零工，而非一直待在某家公司。雇主能夠獲益的方式，就是依照專案、依照個人、依照專長來僱用人，確保每次都能得到最精煉的工作品質。

Z世代對於職場的期望是什麼呢？根據人力資源公司任仕達（Randstad）的資料，比起千禧世代，Z世代多了百分之五的自僱可能性（千禧世代百分之三十二、Z世代百分之三十七）[32]。金錢對於Z世代的意義也不一樣，有百分之四十六的人說他們最大的財務問題是學貸，在英國可說是逐年增加，在美國更是如此。Z世代不只希望雇主允許他們使用社群媒體和先進的科技，許多人也愈來愈有興趣整合新興科技，像是可穿戴裝置、虛擬實境和機器人，希望能把這些帶進職場。

同樣有趣的是，有百分之四十五的數位原住民想要擁有科技領域的職涯，而且這個數字還在繼續成長中。對於許多人來說，尤其是剛起步的年輕的世代，思考要從事哪個職業幾乎是沒有用的事情，根據渥太華的職涯教練尚－菲利浦・米歇爾（Jean-Philippe Michel）表示，現在根本沒有職業這種東西了：「他們必須從思考工作和職涯，轉為思考挑戰和問題。」[33]就像我一樣，他認為我們需要「讓下一代為未來的職涯做好準備，對許多人來說，會是由許多份微工作（micro-job）所組成的職涯，針對的是收入不錯的技術工作者，而不是單一老闆或公司。」新創公司像是高階人力仲介 The Hoxby Collective，提供企業的服務是精選「一組來自世界各地的專家，特別針對您的情況，只挑最好的人才、在您需要的時候匯集。」YunoJuno 是一家讓專家、複合式工作者與工作或微工作從遠端搭上線的公司；由琵普・詹米森（Pip Jamieson）所創辦的 The Dots 在科技新聞網站 Techcrunch 上有「創意人的領英」（Linkedin for creatives）之稱，這是一個聯繫網路，讓時尚、藝術和科技領域的自由工作者跟新客戶連接起來，最近剛募資獲得四百萬英鎊。這類公司與服務還在增加當中，讓我們能夠以適合自己的方式更有效率地完成工作。另一方面，企業也能真正受惠，找到最好、最有才華的專家來負責工作。

這距離努力工作的舊指標有千萬里之遠，從前要看在辦公桌前露面的時間，看你有多服從制度，但是千禧世代工作起來比以往更聰明、更努力，透過一個無線網路熱點就能處理多樣的專案。

但不只有千禧世代才會隨著不斷改變的數位世界而發展，將自己視為品牌，並非只是員工編號一〇五的那個人，我們全都開始覺察到未來，不再認為自己只是公司裡另一顆千篇一律轉動中的齒輪，大家全都開始建立起獨特銷售主張（USP），不論是我們個人的IG網頁、設計數位身分、培養社群、發起運動或是創辦企業。努力工作有了全新的意義，而且其中一些是外界看不到的。

就連菲瑞．威廉斯（Pharrell Williams）最近也替千禧世代說話了（他們很需要）：

「千禧世代是社會主義者，沒人注意到這一點，他們對擁有房產沒興趣，他們找愛彼迎；他們不必擁有超級跑車，他們搭來福車（Lyft）或優步（Uber）。他們會集體共乘，因此所有高高在上的老人」——他指著象徵白宮的某個方向——「什麼都想爭，企圖把所有的事情都封鎖起來，到處隔牆：無所謂，因為你老了。到頭來這些孩子才是未來，我也老了啊！」[34]

這裡最讓我感到印象深刻的是，菲瑞指出世代過度擴張，因而有必要替後來其他的世代騰出一些空間。這是顯著而重要的一點，沒有什麼是永恆的，我們一直在改變與成長，總有一天，Z世代會成為勞動力中最大的組成份子，成為關鍵決策者，因此我們別無選擇，必須對未來抱持開放的態度。

今日由於受到就業市場相當透明化的驅使，我們很常換工作，如今所有的世代都是如此。在嬰兒潮世代的職涯中，他們平均找工作的次數是十一點七次，根據美國勞工統計局（Bureau of Labor Statistics）的研究指出，千禧世代換工作的頻率則是每兩年或兩年以內[35]。奧莉維亞·葛更（Olivia Gagan）替時尚網站Refinery29寫了一篇有趣的文章，談到千禧世代所面對的現實，以及他們為何轉而在線上創造出這麼多東西來：「擁有房地產對我們的父母和祖父母來說，是可以達成的，但是對現在數百萬的千禧世代來說，那只是幻想。於是大家開始製作電視、戲劇、音樂和詩歌來談這件事情。」[36]

根據滙豐銀行（HSBC）的一項研究，有百分之八十九（各種年紀）接受銀行調查的人表示，在工作上能激發他們最佳生產力的是彈性。接著依序是遠端工作，然後是（排名比較後面的）分紅制度、進修課程、額外病假、醫療保險。

我們的演變和接受度都比我們想的還要快，我們不能去評斷，或是把任何一個世代放到刻板的類別中，應該確保想像中的障礙不會阻擋我們合作，尤其是講到工作的未來。媒體喜歡編造聳動的標題，講些千禧世代與其他世代的差異，但或許我們比想像中還要相似。

應用練習

那麼你呢？激勵你的是什麼？能讓你興沖沖起床的是什麼？驅動你的渴望及野心的是什麼？只有等你知道並且了解你的主要動機時，你才能夠循線工作，創造出自己的成功定義。

有些日子像一陣風似地就過去了，我沒有機會去了解為何在**那一天**我覺得受到激勵。不過我會試著去列出那些我感到倍受激勵的小時光，然後試著去剖析、了解，利用類似下列的提問：

1. 我的私人生活是否造成了什麼影響？
2. 我是否在某些環境中的反應比較好？
3. 哪一類人能夠激勵我？
4. 哪一類人讓我感到精疲力竭？
5. 有哪些日子我過得比較開心？
6. 是否有些日子感覺比較輕鬆？原因為何？
7. 哪些日子最能讓我感到興奮？

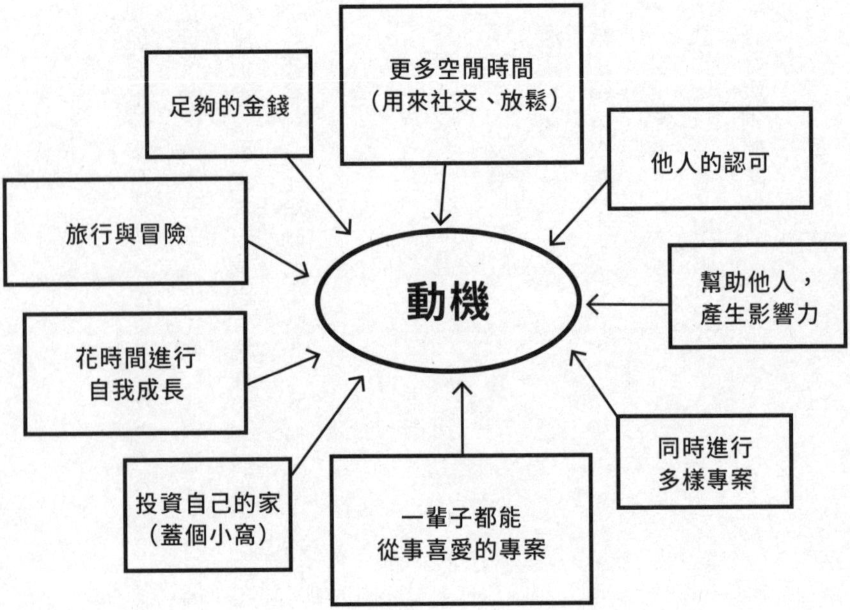
足夠的金錢
更多空閒時間
（用來社交、放鬆）
他人的認可
旅行與冒險
動機
幫助他人，
產生影響力
花時間進行
自我成長
同時進行
多樣專案
投資自己的家
（蓋個小窩）
一輩子都能
從事喜愛的專案

請自己試試這個練習。

回應這些問題，你會得到哪些答案？把全部的答案都加以形象化，畫出你自己的蜘蛛網圖，就像我在上一頁畫的那樣。

3
Chapter

複合式工作者的興起

你不只是一個人！而是有幾十種、幾百種個性！不過孩子啊，你可能永遠也不會見到全部的個性！我們這麼努力想適應框架，到最後壓抑了某些本性，過著錯誤的人生。

——佛芮迪．哈瑞爾（Freddie Harrel），時尚企業家[1]

現在你明白了，複合式工作法是一種生活型態方式，能用來包容自己的成功定義，讓你能同時擁有不同的專案、不同的收入來源。基本上這是要讓人在工作上變得更快樂，但背後也有著經濟商業意義。這是關於如何打破既定的成功意義，那些人家傳遞給你的，或是在不知不覺中，透過外在來源下意識滲透進你腦海的。不過這也不一定表示要辭掉正職，本書不是「辭掉工作吧」那一類的書，也不是要你把「自由接案者」的標籤往自己身上貼，你可能有個工作之外的嗜好——或是複合物——把那添加到你做的事情上。副業未必是指統治世界或全球商業計劃，而是指找時間自我照顧，或者是一邊發展並且享受學習新技能。這才是真正拒絕在現代工作世界中被歸類，不怕在職涯履歷上增添另外一筆。這是要反抗（a）符合你世代的定義；（b）盲目跟從別人的路徑。你不是你的工作職稱，而是要在不同的工作之間穿梭，加上強大又具策略的個人品牌，讓你去匯聚、組織、延伸、賺錢，讓你自己安排自己的工作。

這不是要你做十五份不喜歡的工作，為了維持生計，弄得半夜焦慮不堪。這是主動選擇擁有一份以上的工作，是一個具有多樣組成部分、適合你的職涯。複合式工作法是到處參與沒錯，不過要精挑細選你參與的專案，以有策略的方式，在過程中建立起你的個人品牌。

我們不該認定自由接案的彈性以及多樣職涯組成部分就是「打零工」。零工帶有負面的涵義，有時候會被描述成某種特定的剝削，工時不固定、溝通不良。彈性工作與零工之間帶有細微差別，比起全職朝九晚五和沒保障的零工來說，這兩種極端之間有著廣泛多樣的選擇。根據英國國家統計局，二〇一六年初自僱者占英國總人口的百分之十五，也就是四百六十萬人，有許多人需要更多工作上的建議、工具、資源、指引和機會。工作發展得不夠快，所以現在要靠我們去探究各種選擇和有利的條件，去善用多樣的技能，把全部都納入一個職涯之下。

複合式工作的生活型態是……

- 讓自己有歇口氣的空間。
- 不會因為做了某份工作，就受到某個框架定義——陷在別人替你選擇的職稱中。

・有勇氣和工具能在副業上做出重大的改變，而且不會危及財務穩定。
・給自己信心，不被單一事件定義。
・放下認為工作就是你的人生、身分和價值的想法。
・讓你在過程中為自己的履歷添加其他名稱和職稱。
・讓你的嗜好和快樂時光增進你的工作表現。
・擁有兩個或更多同時進行的職涯，比例適合你即可。
・讓科技幫助你擁有更快樂、更有創意的生活型態。
・擺脫工作傳統加諸在我們身上的標籤。
・釋放自己，擺脫愛限制我們的體系，不要讓自己覺得人生受到束縛。

你的複合物甚至不必與工作相關，也能產生影響，可以是「父母」、「照護者」、「撲克牌冠軍」、「編織王」或是「快閃族」。並不一定要是能賺錢的副業或複合物，可以是令人愉快的額外好處，提供你工作之餘有個施展的機會，當然有點額外收入也很不錯，那是擁有多樣專案的副產品，現金流量可以大量增加。不過全都得由誘因、意圖、樂事和好奇開始，重要的是擁有適合你的混搭職涯，擁有你自己的組合，全職、兼職以及彈性工作。這是就業的新時代，你可以經營自己的生意，提供各種不同的技能。你要去創造並且維護自己線上生態系統的安全。

終結四個錯誤觀念——你可以是複合式工作者，也可以……

‧擁有完全不同的跨領域職涯，表面上看起來不同，但卻能以有趣的方式彼此互補。

‧依然是某個或數個領域的專家，即使你擁有多元的興趣，或者是工作職稱上有多樣複合物。

‧不必過度野心勃勃！擁有複合式職涯不一定得成為最好、最辛苦的兼職者，而是要擁有讓你覺得滿意並且有動力混搭的專案與工作。

‧依然保有成功的正職或兼職工作，但是在副業加上其他的職涯組成部分。這種生活型態的美妙之處在於你不必只選擇一種工作方式。

不要抱歉的時候到了

以前我每件事情都會道歉，總是在說對不起。要是別人把咖啡灑在我身上，我會道歉；占了位置、吸了空氣，我會道歉。另一件我一直在道歉的事情，是我選擇的生活型態和職涯，多年來我一直為了我工作的方式和時間在道歉。以前我回家之後，會利用傍晚經營自己的副業，這麼做受到同事和熟人的批評，或許是因為我看起來有點瘋吧，企圖在半夜做副業而不睡覺。我問雇主是否可以讓我週三下午休假，才能寫完我的第一本書，感覺有點叛逆，因為這實在不符合常態。我會在週三下午一點離開辦公室，到家的時候是下午兩點，然後我會一直寫作到下午六點，整整四小時的副業時間。但是每週要離開辦公室時我都會道歉，感到愧疚，講點尷尬的笑話然後悄悄告退，其他人都在敲鍵盤。問題是我已經詢問過也得到了想要的彈性，那麼為何我還覺得自己犯了奇怪的罪行呢？為何我覺得其他同事一直對我側目睨視？為何沒有小孩但是可以彈性工作，會讓我感到愧疚？我想要每週有四個小時可以用在副業上，這項副業最後啟發了我的職涯發展歷程，對我的財務狀況有益。

有時候我們必須冒險，對於想要的事物不必感到抱歉，當下你可能會感到有些棘手，但是後來你會很高興自己堅持下去了。你希望能有更多時間做某件事情嗎？即使是最少的時間也好，想看看是否可行？你是否覺得是時候了，該請雇主給你一點彈性去試試看？

二〇一六年六月的時候，我獲選演出微軟的全國電視廣告，那支廣告在電影院播放，也在電視節目像是《英國達人秀》（*Britain's Got Talent*）的廣告時段播放。在三十秒的片段中，我說「千禧世代一輩子會擁有五份以上的工作，我覺得這很刺激。」這句話脫胎於切斯・賈維斯（Chase Jarvis）的引言：「如果我們的父母做過一份工作，那麼我們就會做過五份，而下一個世代則會同時做五份工作。」[2]有一部分的人可能沒有聽懂，怎麼有辦法只用三十秒就傳達整個大前提，或是去討論任何未來工作的要素呢？我喜歡那支廣告，不過我希望能討論更多的細節。我之所以說很刺激，是因為這表示我們比較能夠不受限制，能夠成長、發展，並改善我們的工作。

我獲選參與這個廣告是因為我是個科技狂，並且在職場上將自己定義為複合式工作者，我一直都是那種沒辦法活在框架裡的人，這讓我很沒有安全感。但是有個科技大品牌想要展現我的職涯故事，放在全國的平台上（電視、電影院，還有在網際網路上），也許這就是我需要的肯定，證明這種工作方式應該被認真看待。之前我沒有得到肯定，只有人會表示驚訝，不懂為何我不想要一份安穩的月薪。

我覺得如今安穩的觀念很有意思，在這個工作不停變動的世界中，真的有一份工作可以那麼安穩嗎？因為我想我們**曾經以為**的安穩，跟**現在真正**的安穩不同，或者至少正在改變中。我們看到父母和祖父母一輩子做一份工作，有安穩和大把退休金保障的局面已經不存在了，不過我們都想要安全感，也應該在工作上獲得保障，大家似乎很常問我這些問題：妳不會覺得不穩定嗎？妳不會想念領月薪嗎？我的答案是：第一，我覺得更不穩定的是替某家公司工作，卻不認為那公司有辦法徹底改造，在科技革命中存活下來（我以前覺得我待過的公司有幾家會倒閉，有些也真的關門大吉了）。第二，我確實有薪水，只是以不同的方式拼湊而成。

我覺得這樣**安穩多了**，也比較有信心，因為擁有多樣技能可以讓我擁有多樣化的數位履歷，讓我更容易就業。紀錄片《工作與死亡的未來》（*The Future Of Work And Death*）指出，「科技革命產生的事情之一，就是能用更有效率的機器來取代工人。」[3]這個過程一般稱為自動化（**automation**），有很多工作會被機器取而代之。未來如此難以預料，我們又怎麼能夠假裝朝九晚五地坐在辦公桌前安穩而萬無一失呢？

如今我們都是企業家，何謂企業家，意義和觀念一直在變（不只是矽谷那些人，是你、是我，是任何一個坐在廚房桌旁有想法的人），競爭場域也變得平等了。在我的腦海中，想到企業家總會想到某個人身穿套裝，在董事會議上發表提案。擺脫你認為企業家看起來或聽起來應該有的樣子，擺脫媒體散播的成功生意人刻板印象，那些舊觀念正在迅速消失。如果你有一台智慧型手機或筆記型電腦，加上一個好點子，你就能創業。你可以開個網路市集、建立ＩＧ頁面、賣門票、創作播客或是發展出一份吸引人的工作模組。正如諾貝爾和平獎得主暨微型經濟先驅穆罕默德·尤努斯（Muhammad Yunus）所說，「所有的人類都是創業家，從前在洞穴裡的時候，我們都是自僱者……自己找食物餵飽自己。這是人類歷史的起源，隨著文明到來，本能被我們給壓抑了。我們變成了『勞工』，因為人家這麼標記我們，『你是勞工』，使我們忘了自己可以是創業家。」[4]

人家告訴我們，有些人具有創業思維，有些人沒有，但是我不信那個，就像我也不信只有某些人才擁有創造力，我們都有創意、有創業精神，只是你有沒有付諸實踐罷了。

複合式工作法將給你信心，讓你能嘗試新事物、發展自己的工作模組、推出新生意、拒絕被貼上一輩子的標籤、承認你不需要只擅長一件事情。進行不同的事情沒關係，一切事情的共通點在於你，你就是那個把一切拼湊在一起的人，你是膠水，黏合一項項的興趣和職涯選擇。同時進行、發展、探索，不管我們的工作世界發生了什麼，不管後來發明的科技是什麼，新潮流又是什麼，你都擁有適應以及運轉所需的一切。這麼做是讓你更能掌握自己的選擇和未來。

開始副業的時候到了——為了你的銀行戶頭，或者只為了你自己

副業一直以來的描述都是「風險低的專案，意即不需要很多創業資本。」[5]這聽起來可能有點太像「商業行話」，不過基本上就是鼓勵你去學習新技能，或者去享受某個你有興趣的專案，卻不必預先投資太多時間或金錢。嚴格說來既非工作也非玩耍，而是介於兩者之間。重要的是我們需要更加了解自己使用的科技，留意關於未來科技的消息，才不會使得技能發展不均衡。要談到誰最熟練的話，科技原本就已經夠不平等的了，科技本身就是一項女權議題。凱特琳．莫倫（Caitlin Moran）曾經評論道，「你看看程式編碼的統計數據，實在不太正常，不是嗎？」（最新研究顯示，有百分之九十二的軟體工程師是男人。）[6]「那就好像是全球語言將會是中文，而女人不學中文。未來是科技、是編碼，這是我們打造世界、了解自己的方式。」[7]

從事副業不只是一種時髦的措辭，而是英國許多勞動者真正的附加事業。根據網域託管公司 GoDaddy 的研究，有百分之四十八創立副業的人確實用自己的熱情或嗜好賺到了錢，據稱某些創業者在正職之外，賺進了五百到五千英鎊[8]。根據理財網站 Bankrate 的資料，千禧世代中每四人就有一人在工作之外有副業或是不同的複合物。百分之六十一有副業的千禧

世代每週至少進行一次或一次以上，其中有百分之二十五說他們的副業每個月能賺進五百美金或更多的錢[9]。

顯然我們想把事情改進一下，有多達百分之八十接受調查的（美國）傳統勞動者表示，他們「願意在主要工作之外做一些額外的工作，如果可以的話，好讓他們能多賺一點錢。」[10]這可是大數字，有這麼多人願意從事多樣的工作。不過記住了，目的不是為了做到精疲力竭，複合式工作法是要讓人擁有**更多的**彈性、**更多的**自由，但是要用**更少的**實際工作時數。

從很小的規模開始進行副業是有原因的，因為你可以觀察市場的接受度，是否值得擴展。利用少許時間（比如每週一小時）創立副業，你可以評估可行性，把你的創造力投入到正職以外的地方，嘗試能夠賺錢的方法，即使一開始只有一點點錢，這樣你比較沒有壓力，不必**一定**要成功。善用時間表示你可以一邊發展而不會危及你的工作。

我的第一個副業是因為我恨我的工作，我當時超悲慘，工作文化令人極度不愉快，用一些好處掩飾，反而會讓人覺得必須在工作上待更久的時間。在背後捅人的競爭環境讓我生病了，我男友提醒我，當時我可說是整天都在哭泣（我想我封閉那段記憶了），那時整天坐在桌前，又不敢趁著電話會議之間的空檔溜去上廁所，我還得了膀胱炎（就算是我的死對頭，我也不會希望人家得膀胱炎）。

因此我的救星，在這些工作低潮時刻我唯一的救星，就是回家後用筆電進行某個專案，利用電視廣告時間或是躲在我的臥房裡做。能去探索不同的事物、做點有趣的副業，就像是在天堂一樣。副業對我來說就是我喜歡做的事情，持之以恆地做下去的話，還可以隱約瞥見未來的機會。副業不必以金錢為導向，最好不是，這才是它被稱為副業的原因，因為支付你一天中大部分時間報酬的是你的主業。新聞網站Quartz上有篇文章說，「千禧世代沒有發明第二份工作，他們只是把它創造成品牌了。」[11]大家一直都做著多樣的工作，但是千禧世代大多一直被告知，「你想成為什麼都可以！」他們被職場的階級和緩慢節奏嚇壞了，開始利用副業來獲得成功。

交替的副業能讓人停下來再開始某個專案，不會用掉你全部的時間，可以在你需要的時候進行。你可能會想要擁有一些副業，可以視其累積的工作量來搭配，還有一年當中某個時段，你有多少時間可以從事那個副業。

採用複合式 工作法的優點	採用複合式 工作法的缺點
·多樣化讓人更快樂、不無聊，我們都比自己所想的更加多元。 ·一段期間集中精力在專案上，工作品質會更好。全力以赴從事某項專案，心裡清楚截止日期，這麼做令人感到興奮。 ·你的整體品牌涵蓋了多樣專案，投資個人品牌能讓你在職場中顯得突出。 ·如果你有權參與工作的某些要素，生產力會增加，取決於你的生理時鐘、精力循環和個人情況。 ·你可以在一段全力以赴的時間內賺到更多的錢。 ·能讓你從單一職涯轉為創造自己獨一無二的整體生活型態，由你自己控制。 ·你可以接納非線性職涯的觀念（也就是不去攀爬別人預先架好的階梯）。 ·你不會被貼標籤，不受框架限制，不會被單一職涯定義。 ·你有機會去探索自己在多樣領域的潛力。 ·你在未來的就業機會更好，因為你有多樣的技能，你不會被淘汰、有適應力。 ·你讓自己不會過時，一直學著翻轉自己。 ·你能夠快速移動。在大企業中，像是設計標誌這麼簡單的事情也需要花上好幾個星期，如果是小生意或是你自己做，幾個小時就能完成。拿回時間很重要，保持敏銳靈活是公司企業目前需要專注的重要議題之一。	·要向你的祖父母解釋你是做什麼的，將會非常惱人。 ·你必須設定一些嚴格的界線，工作生活混合只有在施行某些規範的時候才行得通。 ·推特個人簡介的字數限制不夠你講清楚。 ·人家會想把你放進某個框架裡，因為你沒有一個明確的工作可能會讓他們感到不自在。 ·你必須激勵自己，有時候可能很難持續下去。

真實生活中的複合式工作者

來自不同產業與職涯組合的十二個案例，看看他們如何用個人的方式獲得成功。

提莉，在酒吧工作／電影工作自由從業人員

「擁有多樣工作的確讓我覺得自己能善用時間，讓我在生活中擁有多樣的管道，無論在個人或專業上都是如此。這帶給我真正的成就感，就像是推動自己實現更多，即使只是日常例行公事。我有能力在壓力下工作，這項優勢在我的兩份工作中幫助很大，再加上溝能技巧和許多其他能力。所以每份工作對我的另一個工作都有幫助，這也讓我覺得很滿足。」

奧莉維亞，廣告文案撰稿人／內容設計師／私人健身教練

「我刻意選擇這樣的工作安排，多年之後，我明白了早上能讓我起床的是什麼，自己擅長的是什麼，能付帳單的又是什麼。我覺得我能做出正面的影響，透過筆電的力量——幫助各個組織做些很棒的事情——不過私人教練那種互動更加即時，立刻就能讓人感到心滿意足。從以電子郵件為中心、會議為主的撰稿人，轉換到指導健身課程或是私人教練課，考驗著我必須固定使用兩種形象，這表示我不會因為長期從事某件事情就變得太過自鳴得意。」

哈麗特，線上禮物布朗尼烘培坊 NUTKINS BAKERY 創辦人／資深公關顧問／某小型瑜伽公司的線上助理（virtual assistant）

「我通常把百分之七十五的時間花在 Nutkins Bakery 上，包括烘培、包裝訂單、郵寄、行政管理、行銷和公關。接著我會把大約百分之二十五的時間用在自由接案的工作，不論是公關專案，或者是當線上助理回覆電子郵件，並替一個小型瑜伽品牌生產社交媒體內容。同時要運作這麼多事情有點累人，不過大多時候我都在家工作，所以比較容易一點。其中，組織是關鍵，我會在週日制定一整個星期的計劃，試著把完整的時間排給每個專案——少了子彈筆記行事曆，我就不知道該何去何從了。擁有如此不同的工作確實能讓我感覺實現了創意，也能讓我自主，知道自己能掌握正在做的專案，以及能接受哪一類的工作。這讓我覺得更有掌控權、更加獨立，比起在企業界工作的時候，我喜歡能夠在自己的時間表上安排自己的日子，有需要改變的時候我也能應變。我辭掉朝九晚五的工作是為了擁有更多自由，追求個人熱情所在——我能夠多方參與，並且同時賺錢謀生。」

愛瑪，某兒童醫院的資深小兒科臨床研究護理師／有兩本書籍合約的作家

「我覺得很幸運，可以從事護理和寫作，我很高興能夠善用在這兩個領域所受的教育。罕見疾病兒童的研究護理師工作很有成就感，因為參與了治療及藥物的改變和創新，讓我覺得自己成為了推動它前進的力量。即將成為出版作家也讓我有成就感，我喜歡在臨床工作，與病患接觸，然後傍晚的時候與出版商和作家一起度過，這讓我在一天當中享受完全不同的經驗。」

珍妮，創意總監／作家／社群媒體經理／照片編輯者／插畫家[12]

「我一直都很有創意，也一直在網際網路上推廣自己的作品，所以我覺得我現在漸漸達到這些角色之間的自然平衡。我也喜歡每天有各式各樣的變化，因此這些多樣化的工作職缺讓我可以從事混合的專案，讓事情變得有趣。混合工作任務讓我覺得很滿足，雖然我仍然不知道在五年、十幾年之後，我的職涯最終會是什麼樣子，不過現在我喜歡這種靈活的感覺，因為你永遠不知道未來會出現什麼機會，又或者是在這個過程中，你會學到什麼技能、喜歡上哪些事物。」

艾利婀，在臉書工作／歌手／創辦了自己的公司#初級老闆（#ENTRYLEVELBOSS）

「我在臉書工作的時間正常，大概從早上十點到下午六點，偶爾我會在午休的時候溜出去，做點其他事情或是接個電話。至於#初級老闆（#ENTRYLEVELBOSS）和音樂：我在週間晚上和週末白天都很有生產力。整體來說，我認為我獨有的品牌魔力來自於解構職涯童話，教大家怎麼用自己的方法實現目標，而這得從對關心我職涯的人開誠布公做起。我從來都不認同『副業』這個詞，因為我所做的事全都是我的一部分，它們是互相連結的。」

阿利，人力資源產業內的產品顧問／童書作家

「以工作時間來說，我會優先考慮我的顧問工作，我通常會確定每個月的工作日，讓團隊知道我何時會在倫敦的辦公室，何時又會在遠端工作；如果需要在不同的日子進辦公室，我就會調換時間或是增加額外的工作時間。每週剩餘的時間則用來管理我所組織的小型設計發展團隊，這樣我能夠換著做不同的工作，儘管偶爾有些忙碌緊張，卻能讓我得到更完整的工作滿足感。」

艾麗，醫務輔助人員／部落客／攝影師

「我目前從事全職的救護車工作，大部分的時間都用在這裡，因為我要接受很多的訓練，不過接下來幾週就能恢復平常的時間表，表示我會有正常的休假日可以用來攝影和寫部落格。某份工作占據全部時間會讓我覺得……嗯……不得志吧。到最後我想兼職救護車工作就好，把更多的時間用在攝影和部落格上，但是無論如何，我還是想要繼續三份工作。」

維多利亞，實習初級律師／社會階級流動慈善組織「倫敦大聲公」（BIG VOICE LONDON）的執行長

「我一直是那種喜歡忙一點的人，所以擁有多樣職責很適合我，在兩種不同的產業工作，尤其是彼此之間還有一點關聯也是優點。我知道我能充分利用自己的時間和技能——兩種職責以不同的方式考驗著我。在受訓成為初級律師期間，我不斷學習，改進我提供的法律資訊、我的訴訟和草擬方式。在『倫敦大聲公』的工作則讓我學習如何發展慈善組織，如何與贊助人培養關係、領導團隊。毫無疑問，同時擔任這兩項職務最終能讓我把兩份工作都做得更好。」

亞當，播客製作人／廚師

「我本來只是廚師，不過播客的製作量不斷成長，一開始我只有一個節目，現在要製作兩個，我是結束餐廳的工作之後就立刻接著做播客。這是一種選擇，我也可以縮減我對播客的雄心，不過現在我幾乎有一半的收入來自播客，為了能夠更進一步發展，所以很努力在經營。我一直在為自己的創意尋找出口，多年來常覺得自己只為了工作而存在，不過如今我有了創意的出口，的確感覺自己的人生有了更多的成就。」

露易絲，瑜伽老師／人生教練／博士／護理師

「我負責安排自己的日程，想選哪一天休假、何時去度假都可以。我的博士和人生教練工作，還有自己寫書，都代表我能在任何地方工作。目前每週固定的瑜伽課和偶爾的護理師排班讓我必須待在倫敦，不過如果我願意的話，明天也能輕鬆地搬到國外去工作。這讓我覺得自己有無限的謀生潛力。」

朵娜，行銷顧問／教練／活動策劃

「每隔幾個月我就會試著安排一趟旅行，能在白天去看醫生或是做頭髮就像是夢一樣。我喜歡能夠去跟我爸吃午餐，如果提早完成工作，也能去接我姪女放學，這些是人生中真正重要的時刻，不是嗎？我喜歡午後的新鮮空氣……我喜歡參與女性的倡議和專案，所以我想這是我的工作與生活交融的地方，不過工作完成之後，我會闔上筆電、切掉工作用的電話，然後關上通往我辦公室的門，居家時間就是居家時間。我能提供的最佳建議就是計算你每個月的生活開銷，然後乘以三倍，把那當做是你的備用基金。我目前沒有退休金，不過我會確認每個月需要存多少稅金。我還有另外一個營業用的戶頭，所有收費都會入帳到那裡，這樣一來，我就會像受僱時一樣收到薪水。」

我愛聽這些故事，尤其是某些混搭非常不一樣。至於他們是如何辦到的，沒有萬用的解答，也沒有單一的答案，這是個人、單獨的安排，不過有很多、很多人成功了，混搭出他們自己的職涯，你也可以做到。在接下來的章節中，你會看到更多實際案例和訣竅，該如何讓工作與家庭混合、避免過勞，還有金錢與幾項要領的運用（第七章）。

4
Chapter

全新的工作自我

我最常被問到的問題大概就是：「如果我要經營複合式工作的生活型態，這會對我的自我意識或身分產生什麼影響？」面對現實吧，我們大部分人躲在花俏的工作職稱後面，是因為那讓我們感覺良好。但是隨著許多工作在新的工作環境中消失，變得無關緊要，這些因素很容易就會影響到我們的職涯身分。人家常問我該如何在社交情境或建立人脈的時候，介紹並解釋自己是做什麼的，這是個好問題，嚴格說來你不只有一份主要的工作，所以你**到底**是做什麼的？如果沒有令人印象深刻的單一頭銜可以依靠，你要如何感受到同等分量的外在自我價值？討論成為複合式工作者優缺點的時候，這個問題總會一次又一次地冒出來，讓人煩惱。或許你擔心的是如果沒有跟某家公司緊密互動，你的工作身分感覺起來就會比較弱，我們許多人都受限於工作場所的職責脫不了身，不管我們喜不喜歡，顯然我們的工作牽涉到我們如何看待自我，還有我們在這個世界上的目的（不管是實際上或甚至比較精神層面的意義）。（你可以在第九章看到更多建立人脈的實際情況。）

你是做什麼的？

我們的身分從何時開始變得與工作如此息息相關？我們這麼重視是有道理的，因為花這麼多的時間在工作上跟同事相處，工作當然會影響我們。不過我認為選擇複合式工作的生活型態能讓人充分探索個性的各個領域，你可以擁有更全面的身分，因為你能延伸到隱藏的角落，把自己當成**一個人**來介紹，而不只是虛浮的工作職稱。這也讓人與你能有更真實的聯繫。

這種該如何解釋自己工作的擔憂，證明了我們有多麼在乎旁人對自己的看法。我們生活在片段短句的文化中，可以發推文自我推銷、在領英張貼清楚的履歷、寫個引人注目的電子郵件主題，任何需要花太長時間解釋的事情，大概都不會有人要聽。我們想要一個強而有力的電梯簡報[i]，沒有任何時間可以浪費。問題是有幾項不同的複合物表示你未必能夠迅速或輕鬆地在履歷中概括自己的工作，那需要花一點時間，又或者你必須選擇要講哪一項。策略

i 譯注：電梯簡報（elevator pitch）是指能在搭一趟電梯極短的時間內，向他人清楚說明自己的核心概念。

是要知道履歷上的哪個項目在某個情況中特別切題，身為複合式工作者，表示你不會跟單一職涯身分有太大的關聯，因此你應該不要那麼在意描述工作時給別人的印象。沒錯，你會變得比較不容易辨認、難以概括或是放進某個有條理的框架中。試著逐步發展出你自己的電梯簡報，簡潔地總結你所做的事情，把不同的複合物連結起來（詳見下文），有一些概括的術語能夠涵蓋許多事情。對我而言，我會說我是作家和播音員，在「作家」之下我可以列出寫書、雜誌文章和部落格貼文，在「播音員」之下則包含了廣播、播客和電視作品。我有許多的複合物，不過只要兩個職涯就能加以描述。

寫出你專屬電梯簡報的訣竅

❶寫下你所做的事情，包括所有的複合物。**例如**：目前我正在從事X，不過我也在做Y。

❷把這些事情全部總結成一則先鋒使命聲明。**例如**：整體而言，我的使命是要……

❸多談談你**為什麼**愛你所做，或者是**為什麼**要這麼做（大家在職涯情境中，喜歡聽

為什麼）。**例如**：我喜歡這些工作／這樣的職涯混搭是因為……而且這讓我能夠……

自從社群媒體推出以來，我們開始設計自己的線上簡介，如今不管喜歡與否，我們都擁有某種「線上的」個性。有人對於擁有線上個性的想法嗤之以鼻，但是他們可能沒有意識到，即使只是一個公開的臉書或ＩＧ帳號，基本上你就是一個品牌，有履歷、頭像照片、使命和內容。我們在線上有許多不同的面向：多重矛盾的利益、許多不同的意見；我們在家裡的沙發上發推文、填寫線上問卷調查，在臉書狀態上分享自己的政治理念、在部落格或 Pinterest 上投射自己的希望和夢想。我們是自己在網際網路一隅的出版者。沒錯，我們的數位足跡偶爾可能會被仔細檢視，但大多都是我們邊走邊策劃出來的線上世界。

生活在這種推特履歷的文化中，你必須要立刻給人留下深刻的印象，重要的是你能多迅速在線上給人留下印象（利用照片、履歷和文字）。爭取時間、注意力和目光愈來愈激烈，根據密蘇里科技大學（Missouri University of Science and Technology）的研究人員表示，「一旦瀏覽了公司的網站，線上訪客只需要不到零點二秒的時間，就會形成對品牌的第一印象。

接著只要再二點六秒，觀看者的目光就能集中並強化那個第一印象。」[1]

我以前認為必須一走入房間裡就讓人感覺或聽起來印象深刻，否則就不算成功，等我辭掉在康泰納仕出版集團（Condé Nast）的工作之後，才算是開了眼界。以前我有辦法走進房間自我介紹，讓大家立刻對我刮目相看，因為他們可以把我跟一個家喻戶曉的媒體大名連在一起，如此一來跟人家打交道比較容易。不過現在我更喜歡挑戰真正與人建立關係，同時也利用我的電梯簡報來推銷自己和我的工作。

即使我現在比較快樂、比較富裕（在這個詞的全部意義上都是），卻比較難總結說明我在做什麼，立刻給人家概念。這表示我沒有輕鬆、偷懶的出路，我不能抄捷徑自我介紹，還期望別人明白我在做什麼。相反地，我有一連串的工作興趣與嗜好，而人家是否覺得印象深刻並不重要。重點是我做得開心，還能賺到錢——我們的複合物是我們個人與這個世界、與我們所做事情之間的關係。

在《大西洋月刊》的訪談中，《做你所愛：關於成功與幸福的其他謊言》（*Do What You Love: And Other Lies about Success and Happiness*）一書的作者德光宮（Miya Tokumitsu）表示：「我做過一個小實驗，每次在非工作場合遇到別人，就看看能夠聊天多久而不會問到他們的工作，或是他們要多久才會問到我的工作。其實很難，撐不過四分鐘。」顯然我們**全都**以某種方式受限於我們的工作——我們想知道別人是做什麼的，才能對他們有點概念，這是個很自然的現象。但是擁有多樣複合物能讓你在工作與自身之間保持一點距離，你是各種事物的混合體，我們全都不只是一個工作職稱而已。

我思考著社群媒體如何讓我們變得更勇敢、更開放，能夠做我們自己，某些研究指出，我們的手機比伴侶知道我們更多私密的細節。講到職場，我認為我們的思想、意見、興趣、個人特質比以往更加重要，如今我們更能夠呈現出全部的自我，現在要擁有一個工作自我和另一個居家自我反而比較困難了。

不只打造自己的品牌，還要隨著時間重新塑造自己

變得過度依賴網路自我暗藏著危險，這表示你會花太多時間在線上，因為你喜歡線上自我給你的感覺，還有外界看到的模樣。你的線上自我感覺起來可能會比你在現實生活中受歡迎。然而現在大部分的工作（以及我們的休閒時間）確實都得花上不成比例的時間上網，我們大部分人到最後都是這樣，很難避免。不過網際網路有一項好處是，你可以在線上打造品

牌或是重新塑造形象，任何東西都可以。你可以讓現實生活中麻煩的事情成真（開店、募資、創造產品、找到客戶販售小眾商品）。逐漸退流行、獲利不佳的公司可以在線上重新變得充滿活力，只要有個閃亮的新網站、行銷活動、公關、講個好故事或是有線上粉絲的員工。根據《今日商業》（*Business Today*），星巴克「擺脫二〇〇八年金融災難的辦法，是透過社群媒體讓自己的營運與顧客需求保持一致。」他們推出了多種語言的臉書網頁，用來處理所有平台上的客服問題，並且在他們受歡迎的 YouTube 頻道上提供食譜和小祕訣。某家國際知名公司在二〇〇三年到二〇〇四年間瀕臨金融危機，重獲新生的辦法是大舉跟社群媒體合作並且推出一系列電影，如今他們蓬勃發展。難民援助（The Help Refugees）慈善機構一開始只是幾個人使用「幫助加萊」（#HelpCalais）的主題標籤，僅僅幾年的時間，這個主題標籤現在發展成了百萬英鎊的官方慈善機構。

對於想要建立新職涯的人來說，可以考慮去探索能夠提升自己的不同平台。網際網路讓人能夠推銷自己和自己的產品，用任何一種你想要的方式。科技讓任何人都可以在這世上加入自己想放的東西，任何一點線上的小種子都有可能受到注意。認為我們只能擁有一種自我，或甚至只能擁有一種網際網路自我是錯誤的觀念，事實上我們可以同時進行許多不同的專案。

《自拍：自我迷戀之成因及其影響》（*Selfie: How We Became So Self-Obsessed and What It's Doing to Us*）一書的作者威爾・史托爾（Will Storr）在他的作品中談到「心靈白板觀點」（the blank slate view），這個觀點的定義是任何人都能夠成就任何事情，每個人起初都是同樣的一塊白板：「這種說法令人上癮，很吸引人，因為我們渴望相信任何人都能夠成就任何事情。這是個可愛的故事，我們的文化也是如此反覆告訴我們，但這不是真的。」[2]這當然不是真的，每個人的人生不可能有同樣的起點，也不可能有能力從同樣的地方開始。一般的想法是某些人的處境比較好，相對比其他人容易成功，不過這樣的想法正在改變，幾十年前，要想進入競爭激烈的產業，沒有熟人或是「內線」是不可能的事情。然而我認為在這個網際網路的年代，每個人都更有可能成就任何事情，我們的聲音更容易上達天聽，我們可能擁有最好的機會，昔日的守門人正逐漸消失。比起有網際網路以前，如今你更有可能實現某些事情，在有社群媒體以前，在人人都能按個鍵就跟任何人連上線的年代以前，認識誰真的很重要。這個世界依然充滿不平等，但是我確信科技能夠讓我們邁出成功的第一步，也將持續為我們打開更多扇門。

具備完整的自我意識很重要

擁有複合式工作者的工作職稱讓我覺得彷彿能夠做自己，工作與玩樂之間感覺不再有那麼大的分隔，因為我橫跨在這之間把兩者合併起來了。我擁有多樣的個性，而這些不同的自我都有不同的需求，你也一樣，複合式工作職涯培育並且滋養了這些自我，引導出我們最好的技藝與能力。

你可能會覺得非常難為情，想到要讓別人知道你在工作時候真正的樣子，因為你寧願做完事情後就閃人，曾經我也是那樣，我老闆（女性）以前喜歡在開會的時候盤問我約會的事情，總讓我想蜷縮起來消失在另一個空間中，就像影集《怪奇物語》（*Stranger Things*）裡那樣。談到與工作有關的自我，重要的是我們是誰、我們相信什麼。「工作的你」與「私下的你」變得難以區隔（不論是在辦公室內或外），因為社群媒體已經滲透到我們的生活範圍之中。我認為我們應該啟發、鼓勵年輕人在工作的時候多做自己，藉由做自己，你更有可能表露出有益於職場的強大力量，例如堅持己見、活躍參與、成為一名優秀的公眾演說家，或是展現任何一種可能有利於工作職責的潛在天賦。

社群媒體讓我們更容易把工作和私下的自我在線上合為一體，在幾分鐘之內，我們可能會發推文、臉書或ＩＧ，講到工作也講到家裡的事情。網際網路讓我們能夠表現出自己許多的不同面：我們的嗜好、孩子、寵物、興趣、職涯選擇，可以提供我們生活的整體觀點。反過來我們也可以「線上跟蹤」同事，找出他們的矛盾之處，這就像是小時候在學校以外的地方看到老師，老師身穿普通的衣服，你心想**天啊，原來老師也是人，也會做人類的事情。**如今很難把這一切區隔開，即使我們想要也沒辦法。

流傳著一句話：「把完整的自我帶進工作。」邁可・羅賓斯（Mike Robbins）在ＴＥＤ二〇一五年於柏克萊（Berkeley）的一場演講中，就用了這句話當題目。但是這句話是什麼意思？在演講中邁可說道：

> 對於組織來說，尤其是在二十一世紀，真正能讓我們感到充實和成功的，是把完整自我帶進工作的能力。全部的我們、全部的天賦、才能、恐懼、懷疑和不安全感，包括所有最重要的事情。但是要那麼做，對於個人和不同規模的組織來說，其實需要很大的勇氣。

基本上，這表示不能逃避尷尬的對話。在人生碰上阻礙的時候，要有人與人的對話，跟同事之間也要有真正的對話。我發現在複合式工作職涯中，終於能夠把完整的自我帶進工作，使我的個性多重面向能夠浮現，在不同的情況下提供不同的技能，跟不同的人打交道。

在工作中保持真實的自我非常重要

紐約大學法學院的吉野賢治（Kenji Yoshino）以及德勤大學包容領導力中心（Deloitte University Leadership Center for Inclusion）的執行董事克莉絲汀・史密斯（Christie Smith）發表過一篇論文，標題為〈包容新模式〉（A new model of inclusion），內容是允許並且鼓勵大家在工作上表現出真正的自我，將有助於公司內部更加多樣化。

研究結果顯示，隱藏真實自我在職場上會造成阻力，這與你真正期待的相反。我們認為隱藏真實自我有助於獲得成功，往往害怕太過獨特、突出，或是打破現狀。我們以為把真實的自我隱藏起來，有助於我們融入、成功，但事實上我們需要的是**更多的**自我。

該研究顯示出某些非常令人遺憾的事實，說明了為何有些人覺得在工作上必須隱藏部分的自我：「女性可能會說她們是要趕著外出開會，而不會說是要去學校接生病的小孩，因為她們擔心會比沒有小孩的同事還要不受重視。」[3]讀到有些女性在工作時假裝自己不是母親，是一種糟糕透頂的體會，汙名仍然真實地存在。複合式工作的生活鼓勵複雜和多元，你可以接納自己的所有方面，不必隱藏任何事情，因為你工作的方式正適合你。你可以成為你完全的自我，不必有例外。

在工作時不是真實的自我，也表示我們很難敞開心胸與同事建立關係，因為我們只拿出了一半的自我，意味著必須更加努力才能讓主管或同事買帳，因為他們只知道事情的一半。隱藏部分自我與身分也不只是在個性上而已，「有百分之二十九的作答者表示自己隱藏了某些外表，據傳女性會穿上比較男性化的衣服，因為她們覺得這樣同事才會認真把她們當一回事。」[4]我們應該要能把自我的其他方面也帶進職場，因為這麼做才能夠改善我們的工作生活，讓我們能夠與同事和客戶建立關係。去探索自我的不同面向，充分展現出我們能把什麼帶進工作，並且這也表示我們希望能夠受到更開放的態度對待。

從整體幸福和生產力水準來看，在工作上做自己比較有益。隱藏自己或者假裝成別人的樣子沒有好處，對公司或是對我們自己長久來說都不利。

個人品牌化並非新鮮事

你現在大概已經覺得「個人品牌化」這個用語有點煩人了，但是我們所做的許多事情都取決於我們的品牌。個人品牌化被當成新鮮事，但其實並不然，一直都有，數十年甚至數百年來都有。你的姓名就是你的品牌，你特有的所作所為，就是人家挑你做那份工作的原因。你是誰一直都很重要，但是在社群媒體的年代更重要了，你的谷歌網頁就是你的履歷，你的推特簡歷就是你的電梯簡報，你的網站就是你的店面，你選擇的字型非常重要。線上的一切都在銷售你是誰。你擁有品牌，即使你這輩子從來沒有上網過也一樣，但要是你想加入網際網路這一行，你絕對需要努力為自己和自己的工作，建立起一個強而有力的品牌身分。

根據烏碼軟體（Ultimate Software）的人力管理創新副總裁賽西爾·愛坡－勒盧（Cecile Alper-Leroux）表示，「透過與客戶對話以及媒體的報導，我們觀察到世界上發生了某些變化，大家本身與工作產生共鳴的方式變了，工作的地方跟員工的身分變得不再那麼密切。」[5]因此我們不再那麼強調用工作來訴說自己是誰，我認為這是好事，這表示我們接受某份工作的理由不再是因為表面上好看，也不是因為礙於社會壓力。我們挑選工作是因為覺得那適合我們。如今我們擁有更多的自由，能去探索許多不同的管道，試驗我們個性的不同面。

線上個人品牌化的三個訣竅

❶ **擁有可見度：**建立品牌時，重要的是始終如一地維持可見度，確保大家能定期看到你發表貼文，這可能會因人而異，不過你可以利用像是 Iconosquare 這類數據分析工具，來幫助你找到最佳貼文時間。品質比數量重要，但是重複有效的方式是關鍵。

❷ **有力的獨特銷售主張：**就像任何一個品牌一樣，準確找出與眾不同之處，從同儕中脫穎而出。發掘你為什麼做這件事情的真正原因，想想保羅·亞頓（Paul Arden）的書名——《顛倒思考題》（*Whatever You Think, Think the Opposite*），反向思考是個好練習，能夠挑戰你的自我和第一直覺，我們很自然就會跟從潮流，隨著他人一起行動，但請試著挑戰自我，腦力激盪出不同於常態的想法。

❸ **共同協作：**與你欽佩的人一起工作，他們與你擁有共同的道德和價值觀。你選擇共事的對象會影響到你和你的品牌。

個人品牌化依然存在的真正原因

建立個人品牌不是一項虛榮的計劃，這不是關於IG追蹤者，甚至也不是為了樣子好看，它是事關能否留住人才的新趨勢。因為有了網際網路，你的工作已經不像從前那樣安穩，你的競爭對象是任何一個擁有技能組合、會做你工作的人，而不只是你的同事。在有網際網路以前，或是在線上年代早期，你不必太擔心這件事情，你的工作可以做一輩子，有人能搶走的機會微乎其微，公司招募也不太可能從全球人才庫中找人。但是情況改變了，《紐約時報》專欄作家湯馬斯．佛里曼（Tom Friedman）說得好：「如果你面臨一項挑戰，為何你會侷限自己，只在自家公司裡找人呢？這麼做如果想要找到世上最好的人才，機率可說是非常的低。」[6]現在的公司想要招募承包人員和專家，依特定專案來僱用他們。僱用全職人員在未來可能沒什麼道理，因為公司的變化與成長非常快速，他們更有可能從外部招募，根據每個專案來找到最佳人選。這聽起來當然很可怕，除非你已經做好了準備。

個人品牌化是複合式工作職涯的最佳策略，因為在你的關係網路中，知道你是誰、你在做什麼的人比例會增加，這表示會有更多的生意。將來大部分的人都會是承包人員和獨立工作者，公司外包的情況會比全職僱用還常見，你會希望自己出眾顯眼，不論你的技能是小眾、廣泛還是綜合。重點不是你認識誰，而是誰知道你。

個人品牌化不會消失的五個原因

❶**我們生活在愈來愈視覺化的世界裡：**在大量競爭者當中，人家能夠輕易辨認出你的作品外觀和特質很重要。

❷**線上簡介會持續存在：**未來我們也許會轉換社交平台，也許會有許多新平台取代我們現在愛用的那些，不過我們的個人品牌會隨著時間演變繼續存在。即使平台或應用程式變了，我們的品牌也會長存。

❸**我們需要建立更多的信任：**努力建立你的品牌，給人百分之百真實的感覺。在未來的網際網路和線上職場，這是很重要的一步。個人品牌之所以重要，是因為我們看人來做決定。

❹**招募的未來：**許多公司早就已經只在線上搜尋徵人，因此掌控你的線上品牌對於吸引新工作非常重要。

❺ **如何吸引真正的關係：**有了強大、真實的線上品牌，人家可以在幾秒之內就了解你，你的意圖、動機和作品。這表示我們能與志同道合之人建立關係，或是更容易找到對的人來從事某項專案，僱用最好的人來加入團隊。

雇主或產業將不再是你職涯的中心——你才是。

——關杜琳．派金（Gwendolyn Parkin），IntegralCareer 整合職涯諮詢主任

自我行銷但不必出賣靈魂的藝術

隨著線上創業家的興起，自我行銷對我們來說已經成為新常態，發布ＩＧ故事引導大家連結到我們的新計劃是家常便飯，但這是工作還是玩樂呢？作為一個社會整體，我們因為被看見而得到獎勵，按讚、留言、追蹤者，都能轉化為有形的事物。追蹤者可以變成金錢，

不管是免費的衣服、免費的豪華國外旅遊還是關注我們的作品，追隨我們的粉絲能帶來價值。你是否會因為擁有更多的追蹤者，而比較有可能參與電影或是拿到出書合約？很有可能，那公平嗎？不公平，但我們是社交動物，樂於被看見，喜歡受到重視，無法克制地會去探索各種不同的方式，好提升自己的地位。因此我們未必要責怪自己落入必須自我行銷才能進步的圈套中，尤其是如果我們到最後還能獲得有形的成果。然而，吹噓和行銷是有差別的，我們生活在這樣的風氣當中，看得出來必須要這麼做。如果不自我行銷，你就沒辦法獲得更多工作，你是一門生意，必須要用各種可能的方式行銷自己。但是我們不需要經常吹噓或是埋頭苦幹，這會造成不利的影響，到時候就沒有人要聽你推銷了！

不討人厭的自我行銷訣竅

- **問你自己為什麼：**確保大家知道為什麼你要行銷這樣東西，是因為你感到自豪、快樂、擔心，需要某樣特定的東西，甚至是毫不隱諱地缺錢？這會讓行銷表達起來更人性化、更公開，而不只是無緣無故地放送，或是隱瞞根本的原因不讓朋友或追蹤者知道。
- **做你所愛，或是做你自己感興趣的事情：**為自己分享的事物感到自豪，這一點看似理所當然，但是如果你做出／打造／開發某樣你本人喜歡的事物，推廣起來就會很自然，你會興奮地分享，而不是覺得尷尬。

．**運用你的觀點：**推銷工作最獨特的方式，就是從你的觀點來發言。發文的方式要盡可能感覺貼近你的觀點，強迫自己過度「真實」可能會導致淪為虛偽的真實。最好想像你在現實生活中跟別人講話，用聊天的方式告訴他們你在做些什麼。

．**別對自己太嚴苛：**你大概跟朋友說過，要他們放手去做、別想太多、別太苛刻，你也可以聽聽自己的建議。要是某件事情沒有產生共鳴，明天你可以試試不一樣的，面對多數事情都別大驚小怪，你可以每天多冒一點險來推銷自己。你可能會遇到一些小小的失敗，但是那沒有關係。

．**與對的人交談：**如果你交談的對象想要聽你講話，自我推銷幾乎不會惹人討厭。電子報是建立起這種小批聯繫群眾的絕佳方式，面對一群主動選擇加入的人，你會感覺比較不像在空曠或是繁忙的房間裡播送。

為何你應該在工作職稱加上自我照顧的複合物

如果在生活中額外添加一種複合物，實際上跟工作完全無關會怎麼樣呢？今年我收到一本書名叫《自我照顧計劃》（*The Self-Care Project*），作者是潔恩・哈蒂（Jayne Hardy），在最前面幾頁，她說了一些我自己長久以來所感受到，關於心理健康下降的事情：

我想念寫作——我一直都很愛寫作，直到抑鬱症耗盡了我的樂趣和自信。我決定寫個美容部落格，可能有助於自我照顧，要寫美容產品我得先用過才行——這正是自我照顧！那個小小部落格所帶給我的幫助，我不確定自己是否能夠妥善地用文字表達出來，它給了我目標，讓我從自殺的念頭中分散注意力，把快樂重新注入寫作裡，也把陽光帶回我的生命中。

在生活中加上個人複合物絕對是一種自我照顧的舉動，從事副業通常會被描述成積極的商業冒險，但並非一定都得如此。我覺得有些副業讓我充滿創意，那是許多工作所沒有的，讓我能夠逃離到只屬於我的某件事情當中，我能完全掌控一切。自我照顧可以有很多種形式，重要的是你所做的事情純粹是為了你自己，為了你的心理健康或放鬆。對於我們每個人來說，那看起來都不一樣，讓你自己有點時間，可以從事在工作和家務清單以外的事情，讓人感覺獨立自主，也能滋養心靈。

固定做一些我們喜歡的事情並不自私，也不算自我放縱，事實上，那對我們的整體幸福至關重要。湯姆．雷斯（Tom Rath）與吉姆．哈特（Jim Harter）在一篇名為〈你的職涯、幸福與身分〉（Your Career, Well-Being and Your Identity）的博士論文中，總結指出何謂幸福：「在基本層面上，我們每個人都需要有事可做，每天起床的時候，最好有些事情值得期待。」說到職涯，有些讓人愉快的副業的確能夠帶來正面改善：「如果你沒機會固定做一些你喜歡的事情——就算只是因為熱情或興趣所在，不是真的能賺到錢——你在其他方面擁有高度幸福的可能性就會急速降低。」

《紐約時報》最近做了工作倦怠的專題報導，這個詞我們都很熟悉（之後有一整章要談這個），尤其是在現代的工作世界中，一不小心很容易就會全天候都在工作。《紐約時報》的文章中說道，對抗疲乏的方法之一，是要「擁有工作以外的嗜好，讓你減輕壓力、放鬆，從工作中脫離出來。」[7] 找些事情讓你能夠放鬆，這一點很重要，不需要有更宏大的動機。

然而，自我照顧不只是買些物質上的東西，共享溫馨時光（hygge）的潮流已經出現了一些反彈的聲浪，因為享受生活中簡單快樂的丹麥儀式變成了龐大的賺錢商機，購買昂貴的蠟燭或是人造毛皮地毯變成了自我照顧的象徵。要真正照顧到自己，當然要比去一趟美體小鋪（Body Shop）揮霍更深入，我們必須確定自我照顧深入到生活的縫隙之中，讓我們能夠變得更好，讓我們有時間明白自己很重要、我們的頭腦和身體很重要，並且應該在從事其他事務之外，找時間愛自己。

在一項研究中，研究科學家卜林格（Zorana Ivcevic Pringle）發現，日常從事創作活動的人，例如像是拍照、做拼貼或是在文學雜誌上發表作品，往往比較心胸開闊、好奇、積極、有活力，能受到他們的活動激勵。相較於比較沒在參與日常創作活動的同班同學，各種形式的日常創作會增加幸福感受與個人滿意度[8]。

顯然過去假定「創造力」等於是某種「瘋狂」未必正確，今年初的時候，有項研究發現家庭醫師開立藝術活動的處方給病患，結果住院率明顯下降了，反而替國民保健署省了錢[9]。擁有複合物能讓你更有創意、更加開放，動一動那些你生活中不會用到的肌肉，可能會改變你的人生。找些做了能讓你覺得自己很棒的事情，可以增加自信心，信心增加了，就可能有更多扇門為你而開。有了屬於自己的複合式工作，你比較不會有錯失恐懼症，因為你知道你在自己的道路上，走著自己的旅程。

5
Chapter

崩熬文化

首先，我可以坦承一件事情嗎？我熱愛「城市字典」（Urban Dictionary），往往偏好它上面的定義和口語，更勝於標準字典，感覺比較真實（又有趣，偶爾還很粗俗）。輸入「崩熬」（burnout）之後跑出來的是：

長期壓力和挫折所導致的情緒及身體疲憊狀態；一種不可避免的工作狀況，特徵為經常表現出不專業的行為、輕率拒絕做任何工作，更重要的是一種管他去死的心態。

這是真的——說到我自己的行為，這就是我定義和檢測崩熬的方法。如果我失去興致、出於焦慮而取消令人興奮的會議、跟同事朋友講話變得刻薄，或者是表現出一種呆滯而不在乎自己職涯的態度，我就知道自己崩熬上身了。我知道必須認真改變自己的行事方法，優先保護自己的心理健康，並且採取某種行動。

當然我也應該說明一下崩熬的官方定義，根據心理學家大衛．巴拉德（David Ballard，心理學博士暨企管碩士）：「崩熬可以定義為『某人長期感受到疲憊，對事情興趣缺缺。』」[1]

我並非一直都是複合式工作的支持者，搖旗吶喊、擁護彈性。多年來我在僵化、沒彈性的結構中工作，因為我不知道還有別的選擇，不了解還有不同的、靈活的工作型態（另一部分是總有揮之不去的汙名，籠罩在想用非常態方式工作的人身上）。根據彈性工作人才招募顧問網站 Timewise 在二〇一七年的報導，有「八百七十萬人目前並非彈性工作，但若有這類工作的話願意嘗試。」我在頂尖媒體公司的快節奏工作中，由於漫長的工時和老闆嚴苛要求的壓力，才開始意識到自己病得有多嚴重。我以前有個主管，只要我抱怨工作有點太累，就會對我吼說「**等你死掉就可以睡覺了**」。有份工作讓我壓力大到得了夜尿焦慮（沒錯，一個晚上要跑十八趟廁所，對於二十幾歲的人來說可不算正常），我去看了醫生，我的膀胱沒問題——是焦慮。我也得了膀胱炎，因為我忙到忘了上廁所，這是兩個極端的例子，不過有些壓力可能會被忽視好幾個月甚至好幾年，怪不得崩熬一直在增加。我們正在努力克服恐懼，擔心自己在這個迅速變化的世界中變得落後。一般來說，人與社會都害怕變化，我們害怕去改變生活，還有長久以來存在的模式。大家擔心改變職涯就表示一切都得從頭來過，但是工作的步調正在改變，換新工作未必表示走回頭路，也不一定等於要再進修、再受訓，很多新的數位工作都只需要動手去做而已。

此時此刻，我們比以往都還要焦慮，國際會計師事務所普華永道（PwC）指出，「根據一份針對擔任資淺以及資深職務的員工所做的調查，超過三分之一的英國勞動力正處於焦慮、憂鬱或壓力當中。」該研究也顯示，在那些因為壓力和焦慮而必須休假的員工當中，「有百分之三十九表示，要告知雇主這些問題會讓他們感到不自在。」[2]我們可能會跟朋友在酒吧裡聊工作壓力，或是在匿名論壇上發表意見，但是我們似乎無法公開在職場上討論這個問題。不過我們在其他方面卻過度分享：發推文說自己早餐吃什麼、寫部落格講自己的性生活、張貼臉書臨時大頭貼透露自己投票給哪個政黨。然而我們對於工作所造成的焦慮，心態上仍然相當封閉，很難詳細去談論。

如果說ＩＧ呈現出生活美好的一面，那麼我與朋友在 WhatsApp 的私人群組對話，就是毫不掩飾的焦慮和恐懼。我們的實話出現在馬基格（Alexis C. Madrigal）所稱的「暗黑社群」（dark social）中，就是那些我們互相傳遞的私訊。「暗黑流量」（dark traffic）一詞也很有趣，指的是「大家透過電子郵件、私訊和分享網站連結的結果」。因此對話發生了，連結也分享出去了，不過是在私人訊息裡，所以我們不一定能看到。我們在公開簡介中看到的，只是非常小的一部分。

擔心失業、擔心工作不夠努力、擔心工作太過努力導致崩熬、擔心轉業成為自由工作者、擔心沒有勇氣換工作或是從事副業——我們似乎很需要指引、需要誠實地告訴自己該如何邁向健康的工作與生活平衡。有些人為了工作而活，有些人則為了生活而工作，但是有個共通點，就是我們全都深陷科技之中，而我特別感興趣的是要如何試著讓科技為我們所用，而不是阻礙我們，讓我們能夠擁有更多的自由，減少崩熬及壓力。

複合式工作法不是要你長時間工作，而是短時間、有成效的迸發。更多的休息、更多的幹勁，這是不同的工作方式。當然這違背了許多關於複合式工作者的假設，以為我們是工作狂，整週工作累壞自己之後，週末還從事副業。

二〇一六年所進行的社會概況調查（The General Social Survey）是一項全國性的調查，從一九七二年開始追蹤記錄了美國社會的態度及行為。該調查發現有百分之五十的作答者因為工作而持續感到疲憊不堪，相較於二十年前是百分之十八[3]。該怪科技嗎？有可能。科技的影響無可否認，但是我們是否更需要雇主設下工作的界限？我們需要雇主以身作則嗎？我想是的。

根據東肯塔基大學（Eastern Kentucky University）所製作的美國新圖解資訊，公司每年花費三千億美金在醫療保健以及由於職場壓力所導致的缺工問題[4]。若在僵化的體制內不斷逼迫，索求更多，就會發生這種情況。而彈性工時可以改變我們工作的方式，解除我們給自己設下的限制。工作總會完成，而且可以在比較不受侷限的情況下完成，我們必須信任員工能夠用他們自己的方式把事情做完。自從採用這種新的複合式工作法之後，我可以在每個專案之間設定期限，想辦法擁有更多的休假。大腦可以專注九十到一百二十分鐘在任何一項任務上，這是由研究學者納森・克萊特曼（Nathan Kleitman）最早提出的創新發現，之後我就用片段來給自己劃分時間。我不會去想，**我這一整天能做什麼？**而是會想，**在九十分鐘加上一段休息時間之間，我能完成什麼？**我的工作時間比從事複合式工作之前短，因為我會在生產力高峰的時候做事情。有些日子，我能在九十分鐘的衝勁內做更多事，比起一整天不停歇的工作還要好。

科技模糊了工作與玩樂之間的界線，更勝於以往，也開啟了全新的對話，有好（靈活彈性）有壞（崩熬）。《衛報》（*Guardian*）在二〇一八年的長篇報導指出：

> 科技應該要能讓人擺脫日常生活中多數艱困的工作，但卻往往變得更糟：二〇〇二年的時候，只有不到百分之十的員工會在上班以外的時間查看工作上的電子郵件。如今有了平板和智慧型手機，比例變成百分之五十，通常是在我們起床之前就開始了。[5]

我們需要開始展開這類對話，當自己無法承受時學會坦白，跟朋友、跟同事，這麼做比以往都還要重要。同樣重要的是，別怕說出「我不知道我的工作該怎麼辦」，或是「我覺得我在網路上浪費時間」，感到迷惘沒有關係，不過要是你覺得厭倦或失望，就是該主動改變的時候了。這不是要你放棄傳統的就業機會，而是要你從旁提升自己，在這個不穩定的就業市場上，替自己添上一層力量和保護。在這個脆弱的時刻，我們需要運用自己擁有的工具，盡力而為。但是這麼做的同時，我們也必須明白自己的個人界限和限度，什麼會把我們給逼瘋？我們在開始走下坡之前，能夠做多少？平衡對我們每個人來說，實際上是什麼模樣？我們能夠應付的限度，是否已經改變了？

崩熬是真實的，科技有時候仍然像是一場激動人心的午夜盛宴，讓人想要痛飲狂歡。科技盤旋在所有人身邊，我們大多數人可能都瀕臨崩熬，在某一刻曾經歷過，或是看過某個朋友深受其苦。你催了又催，油箱裡所剩無幾，接著就見底了，你面臨負數，並用盡油箱裡所剩的每一滴汽油。你任由崩熬在精神上或身體上影響我們，直到一段時間後我們的油箱裡又有了汽油。

如何發現崩熬

- 留意到自己對每個人、每件事情都非常憤世嫉俗。
- 變得比平常懈怠，不太關心某項專案的結果。
- 原本還算簡單的任務變得困難或難以招架。
- 身體症狀——疾病、免疫系統變弱、痠痛或疼痛。
- 孤立自己，覺得流失大量精力。

發現跡象之後該如何避免崩熬

- 睡眠優先（我建議與馬修·沃克〔Matthew Walker〕的書《我們為何睡》〔*Why We Sleep*〕一同入眠）。
- 開始說「不」，不管那有多麼困難。
- 取消任何讓你感到焦慮的計劃。
- 著重在待辦清單的重要事項，別讓自己因為額外的事情過度勞累。
- 實踐自我照顧，不論是呼吸更多的新鮮空氣、更多獨處的時間，或是做點能讓你放鬆的嗜好。

- 退一步寫下那些讓你感到有壓力的事情，子彈筆記有助於這項練習。
- 每天早晨在床上躺幾分鐘，不要立刻查看手機。
- 把任何讓你難以招架的事情分解成小塊。

該是時候擺脫睡眠的汙名了

我們常會去批評以睡眠為優先的人，但有人最近跟我說：「我們不會說整天睡覺的寶寶懶惰，他們還在成長嘛！」睡眠非常重要，根據美國國家心肺及血液研究院（US National Heart, Lung, and Blood Institute，ＮＨＬＢＩ），「睡眠不足會導致身心健康問題、受傷、生產力下降，甚至是更高的死亡風險。」那麼為什麼我們仍然覺得不必多睡點，任憑工作慢慢侵占這項寶貴的必需品呢？

我個人熱愛小睡片刻，承認這件事情有時候會讓我覺得可能因此受到批評，因為我們的文化似乎對睡覺一事很反感。小睡通常被認為是懶惰、缺乏雄心，但是我發現小睡的好處很多，對於生活和工作都是。我可以工作更久，過了下午一點之後感覺更加神清氣爽，覺得更能夠掌握自己的生活和日程安排。我把一天分開來，科學家證實六十到九十分鐘的午睡能夠替大腦充電，效果就跟在床上睡八小時一樣[6]。

小睡課程出現在西班牙馬德里的spa和健身房裡，有家開張的「小睡吧」名叫「睡了再走」（Siesta & Go，多棒的店名啊），當然在西班牙的文化中，下午小睡是常態，但是想像一下，要是每個地方都鼓勵人這麼做該有多好啊！到了店裡之後，你可以從選單上挑私人或共用的房間，預定小睡的單位可以是分鐘或小時，費用介於八歐元（共用房間床鋪一小時）到十四歐元（分隔房間一小時）之間，可以事先預約，也可以直接去就好。這是多麼天才的發明啊。

百分之八十五以上的哺乳類都是所謂的「多階段睡眠者」，意思是在一天之內分段睡覺，而不像人類睡一整段時間。這表示我們的睡眠習慣跟不上其他哺乳類[7]。愛琳諾．羅斯福（Eleanor Roosevelt）、邱吉爾（Winston Churchill）、達文西（Leonardo da Vinci）和愛因斯坦（Albert Einstein）都是著名的小睡者[8]。

在《我們為何睡》一書中，馬修．沃克其實揭露了缺乏睡眠會致命，他稱那些吹噓自己不睡覺的人是「少睡菁英」（sleepless elite）。他告訴商業新聞網站 Business Insider，「睡眠剝奪會消耗掉你的『自然殺手細胞』儲存量，這種淋巴細胞（白血球）可以抑制腫瘤和病毒。一晚只睡四或五個小時會降低體內『自然殺手』細胞的數量約百分之七十。」[9]缺乏睡眠的確是在謀殺我們。

另一項考量是科技如何影響我們的睡眠模式。根據睡眠基金會的網站 sleep.org，年紀在六到十七歲之間的孩子，大約有百分之七十二的人臥房裡至少有一項電子裝置。來自手機的藍光會抑制褪黑激素分泌，亮光會讓大腦保持警醒，更不用說光線、震動和聲響會讓人整夜無眠。

嗜好跟副業不一樣

崩熬會在你把自己累過頭的時候冒出來，必須強調的是，不是每件事情都該變成賺錢的副業，有些事情應該保持神聖，純粹只為休閒。有喜歡的事情並非表示你得馬上試著把那轉變為商業行動，例如你是熱愛泡澡的人，不表示你一定得創立副業在線上販售泡澡產品，我的意思是你可以賣，但你也可能只是喜歡泡澡，當作你非常需要的休閒時光。找出差異，保護你的嗜好（不過要是你有工作以外的技能或興趣，覺得可以用某種方式賺到錢，那也很棒！）

分擔工作如何讓人自由、開拓視野

讓我們談談分擔工作，這種安排能讓你在某個職責上有彈性地工作，讓你可以承擔辦公室之外的其他複合物。在我之前工作的地方，雜誌有兩位編輯共同分擔工作，一位在星期一和星期二工作，另一位在星期三、星期四和星期五。他們透過電子郵件和電話交換工作，完成日常工作，他們盡可能無縫接軌，互相幫襯。我觀察他們的做事系統，讚嘆他們工作的方式，因為他們事情都能做完而且做得很好。分擔工作讓老闆也是贏家，嚴格來說他們用一份薪水請到了兩個腦子，是的，這些編輯領的是半薪，不過在沒上班的時候，他們會接其他的案子，或是有其他的嗜好和責任，以不同的方式讓他們發揮長處，同時保證其他的收入來源。這表示他們都讓自己留有選擇的餘地，認識新的人、賺點外快，並且保有一份不會讓他們焦慮過頭的正職，還付得了帳單。

我訪問了《泰晤士報》的記者琳賽．法蘭柯（Lindsay Frankel），她也是我以前的同事。琳賽分攤工作的地方跟我在同一個辦公室，這麼做看起來很適合她。我覺得很鼓舞人心的是，琳賽是主動提出希望有分工的機會，她說「我從沒想過自己能有這種選擇，因為我沒有小孩。」我問她要如何要求這種安排，因為這仍然不被視為「常態」，她發表意見說：

> 是編輯主動提出來的，讓我開始考慮自己可能符合條件，一拿到工作之後，我赫然發現原來我可以留更多時間給年邁的母親，或是好整以暇地跟姪子姪女相處（像是星期一去學校接他們放學，因為我不必在週末到訪之後就匆忙趕回倫敦），只要我別像過去二十年來那樣，所有的時間都在工作，不是只有做父母的人才能從彈性中獲益。

身為目前沒有小孩的人，我常常覺得想要彈性與能「休假」的複合工作職涯會受到批評，我問她是否有什麼建議可以給考慮分擔工作的人，讓這麼做能夠行得通：「別好勝，我想這很重要，我不想要整份工作，另一位同事也不想要，我不會試圖變成她，反之亦然。我想這

成功分擔工作所需要的條件

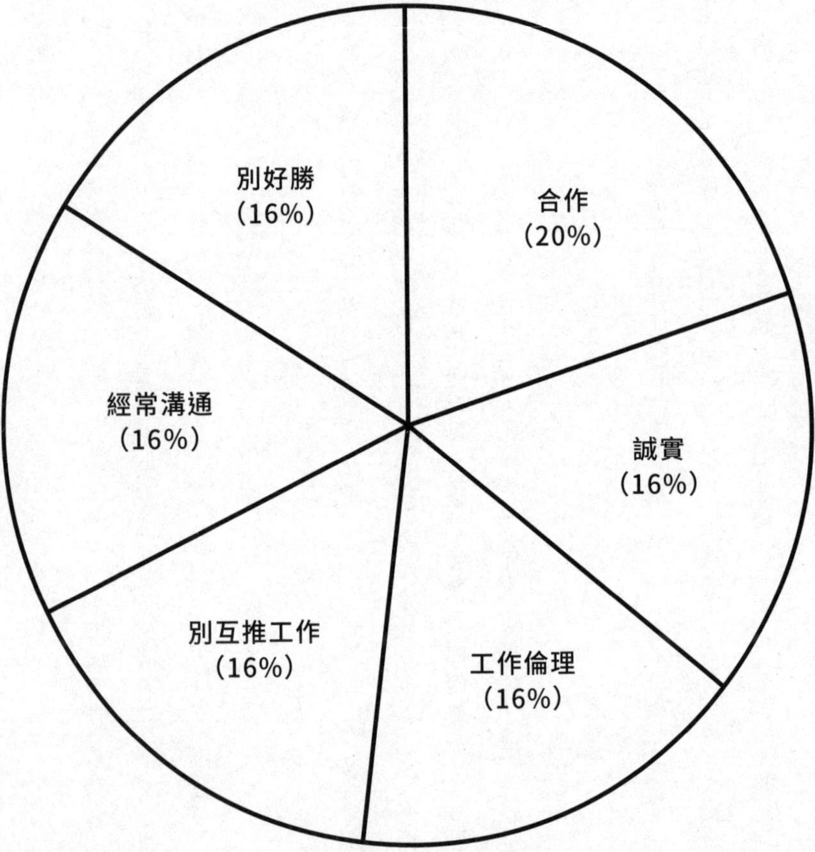

代表我們可以信任彼此，我無法想像跟一個你認為會企圖矇騙你的人分擔工作！」

如何順利分擔工作

訪問完琳賽並且與成功分擔工作的朋友聊過之後，我做了以上這個圓餅圖，呈現出我認為分擔工作所需要的條件，可以當作一個粗淺的參考。

美化「忙碌」對我們有害

長時間工作不休息表示我們耗盡了精力和專注力，又怎麼能夠指望人類連續工作很長的一段時間呢？我們知道自己做不到，但是卻努力撐著堅持這麼做。我跟當律師和醫生的朋友聊過，過度勞累會導致憤恨、犯錯和生產力下降。日本人真的有個詞用來指「工作過度而死」——「過労死」（*karōshi*），「過勞死」的主要醫療病因是由於壓力和飢餓所導致的心臟病及中風，這種現象在南韓也很常見，當地稱為과로사（*gwarosa*）；在中國，過度工作所

導致的死亡則稱為「过劳死」（*guolaosi*）。

職涯顧問卡莉．威廉斯．尤特（Cali Williams Yost）表示：

> 更努力、更迅速地工作，藉此期望能夠保持安穩顯然事與願違，因為你忽略了健康，沒有好好睡覺或好好吃飯。你沒運動，也沒有休假替自己充電，你沒去培養你的專業網絡或是私人支援系統。但是你的老闆沒辦法告訴你，何時該著重在生活中讓你保持健康快樂的元素[10]。

我們**能夠**做更多，不代表我們就應該這麼做。

成功的衡量標準曾經是「忙碌」，就某些方面來說仍是如此，理想中的勞動者必須看起來做了最多事情，才能受到讚賞。我辨識得出這一點，是因為我在這種環境中工作了好幾年，我們彷彿覺得每一刻都必須填補到滿，才能充分利用每一天當中的每一秒，然而總是忙碌絕對無法讓人發揮創造力。

大家還是很喜歡吹噓自己很忙，雅虎（Yahoo）的梅麗莎．梅爾（Marissa Mayer）告訴彭博新聞社（Bloomberg News），她以前每週工作一百三十個小時[11]。大部分時尚雜誌

《Stylist》裡面所報導的「成功人士」，往往都在早上六點起床然後一路工作到傍晚。蘋果執行長提姆・庫克（Tim Cook）告訴《時代》（*Time*）雜誌，有一次他在凌晨三點四十五就展開了一天的行程[12]。這很怪，荒唐的工時仍然是值得吹噓的事情，在某些方面仍然被視為一種成功，不過這種情況慢慢改變了。

人類本來就不應該一直不停地工作，我喜歡這句引言：「自然界其實沒有任何東西會全年綻放，所以別期望你自己能做到。」這提醒了我們，我們是生物體，需要休息才能成長。

我喜歡蘿拉・阿契爾（Laura Archer）的書《一整年的午間減壓計劃》（*Gone for Lunch: 52 Things to do in Your Lunch Break*）還有伴隨而來的活動，讓大家真正去吃午餐。午休是很重要的時間，能替你的身心提供動力，繼續工作日的第二個階段。

下列是我採取的一些步驟，讓我能賺更多、做更少

- **縮減交通時間：**別浪費時間花一整天通勤去開會，你可以把全部的會議都安排在一天當中的某個時段，或是用 Skype 和 Google Hangout 談話。盡全力防護你的通勤時間。
- **釐清時間及費用的規範：**務必清楚了解完成某項工作所需要的時間，如果不確定，萬萬不可憑空估計整個專案的相關數字，把你的費用細分為每小時、每日或是每半天。這表示你不會免費給人白做工，重視你的時間。

- **外包行政工作：**從前要位高權重的執行長才有私人助理，如今不再是如此，線上助理可以幫你處理耗費時間的工作，例如：輸入資料、謄寫文稿、安排行程、撰寫文案、編程式、設計。線上私人助理很棒，因為他們可以在你有需要的時候開工（未必需要事先聘用），而且他們通常在家工作，可能從來沒有當面見過客戶。

了解自己的極限

我們受崩熬影響的程度以及我們的精力極限，可能跟朋友或同事都不一樣，這就是為什麼用工作羞辱他人不是一件好事，工作羞辱（work-shaming）是指讓別人覺得他們的工作選擇不好，就連稱別人是「工作狂」也不算真正的誇獎。沒有哪種解決方法會適合每一個人，要看個人的極限而定。要某個朋友少做點或是慢下來，反而會違反直覺，因為他們也許剛好正能量滿滿，未必表示他們疲勞過度。你也可能因為一件事情做過頭而產生崩熬（例如太多個晚上答應出去玩），何謂平衡？我們全都有不同的看法，找到平衡之路應該是一趟個人的旅程。

談到我們該如何應付社群媒體和科技難以抵擋的本質，總有一種以偏概全的泛論傾向。有人呼籲應該禁止未滿十八歲者使用社群媒體，他們必須先受過精神健康訓練課程，學習如何應付網際網路，因為許多人認為年輕人無力承受線上生活[13]。提供精神健康訓練絕對有其道理，但我們是否需要禁止一整個年齡層的人使用社群媒體？想必合理的做法是讓年輕人更有機會接收建議、訣竅和工具，懂得該如何應付崩熬和不知所措的感覺，而不是把某件事物完全拿走。我們知道這是棘手的時刻，需要更多的精神健康訓練：「據估計青少女每三人中就有一個飽受憂鬱或焦慮之苦，這個數字比十年前增加了百分之十。」

我們需要更懂得如何教育自己以及周遭的人，有效地過濾資訊，以免被無止境的資訊弄得不知所措。湯馬斯．佛里曼說得好：「網際網路，眾流之母，事實上是未經處理、未過濾資訊的開放式下水道。」[14]我們每天在線上得費力閱讀這麼多垃圾，難怪搞得精疲力竭。不過有些簡易的方式，可以讓我們更有效的管理自己花在線上的時間，去對抗這種不知所措的感覺。

以下是策劃自己線上環境的一些訣竅

- 「取消追蹤」或是「消音」線上擾人的討厭傢伙或是品牌，不是取消好友、不是剔除，只是從你的消息來源中隱藏起來，你也可以在推特這類平台上消音某些關鍵字。
- 移除你不想要每天（或每個小時）收到更新的應用程式推播通知。
- 把你想讀的文章存在應用程式裡，比如像是 Pocket（你也可以在瀏覽器上安裝擴充）或是 instapaper.com，如此一來，你可以在一天結束之後或是隔天早晨閱讀全部的東西。這表示你不會時常沉迷或者收到通知。
- 利用 simplenote.com 來儲存你所有裝置上的筆記，讓你不必連上電子郵件或是上線寄訊息給自己，那可能會導致你把注意力分散到其他事情上。
- 像 nuzzel.com 這類的網站能幫助你策劃自己的新聞發現，只要讓最佳、最切題的資訊直接傳送給你，你就可以節省時間。

社群媒體的影響等同於吸菸？

我不難想像，從現在起的二十年後，我們會發現社群媒體對大腦的影響，相當於吸菸對肺部的影響。

——楊希・史崔克勒（Yancey Strickler），Kickstarter 群眾募資平台執行長[15]

我發現自己洗完澡後，常包著浴巾坐在床上，來回滑手機，幾乎停不下來。這讓我感到不安，我愛科技，而且我的職涯依隨科技而生，但是要平衡，不能淪為科技的奴隸，必須取得控制權。為了不要崩熬，我們得建立一套關於科技的基本原則，但並不表示得購買奢華數位排毒套裝行程，想過一個沒有手機的週末，不需要花上一千英鎊，那太過頭了。以前我在某著名的女性雜誌工作，我們會提案「十種數位排毒的方法！」，一週大概講個二十次吧，讓我惱火的是，這些如何關機的想法總是包裹著昂貴的糖衣：瑜珈避靜之旅、能擋掉推播通知的昂貴皮革包包、由健康大師所經營的遙遠療養勝地，總像是某種敲人竹槓的騙術，我不相信這些東西有哪一樣可以實際在日常生活中幫助我們。關機應該是關於如何應付某個週二下午的工作壓力，而不是在週末的奢華度假之後，一回來只覺得肩膀抽筋。你可以說我老派，但是我不認為正念應該附上昂貴的標價。

複合式工作需要高強度的自律，因此解決社群媒體瀏覽成癮問題非常重要。要想做更少、賺更多，表示要嚴格控管你對社交媒體的使用，把更多的內容自動排程而非手動發布。

感覺起來我們確實活在一個萬事「緊急」的年代，琳恩・安萊特（Lynn Enright）在 The Pool 網站上有篇文章總結了這一點：「周遭充滿了燃眉之急：有貪吃的網際網路要填滿內容、其他的媒體管道要妥善應付，有想法、趣聞、圖片和謠傳，在推特、收件匣和 WhatsApp 群組裡，可能很緊急，你得趕快查看。」能夠反抗其他人的催促、不用理其他人的緊急告示，感覺真的很好。為了能夠延續某些具有意義，甚至長遠來看能替我們賺錢的事物，我們不能落入陷阱，把所有的時間都用在 Snapchat 或 IG 上。有時候我們就是像倉鼠困在滾輪中一樣，點閱著必須立刻觀看的內容，否則可能就會消失。

真正的生產力會出現在我們清楚意識到自己的身體在做什麼的時候，工作時去廚房喝第一百萬杯咖啡是浪費時間，漫不經心地瀏覽社群媒體也是浪費時間。

想要與我們的裝置保持健康的關係，就要在事發當下密切注意我們是怎麼浪費時間的。你是否一邊瀏覽然後意識到時間就這麼消逝了？你是否早早就寢，卻發現自己在睡前逛了整個網際網路？螢幕看太久讓你眼睛痛、眼神呆滯嗎？你是否發現自己看了一些讓你感覺很差的東西？我認為處理這些行為的方法應該是要掌控我們的日常生活，更勝過戒除或是「治癒」我們的癮頭。要意識到自己太常上線，在捲入陷阱時明白發生了什麼事情；要更加留神，再次伸手想拿手機的時候，我們就得停下來問問自己，為什麼我們要這麼做。

「成癮一詞」毫不誇張，每次獲得讚、留言或通知，我們都會分泌多巴胺——許多研究顯示，得到正面的線上通知給我們的感覺，就跟得到擁抱一樣。一般人每天會查看智慧型手機一百五十次，刷螢幕和觸碰則超過兩千次。[16]

根據消費者研究公司 Dscout 的研究人員指出，最重度的智慧型手機使用者每天點擊或滑動他們的手機螢幕五千四百二十七次[17]。如此成癮，我們在辦公場所中當然不會太有成效，我們坐在那裡工作一整天，卻不斷分心，因此我們需要學著離線才行。然而要是我們注意力持續的時間縮短了，喜歡處理很多件事情，或是同時開啟許多分頁，那麼複合式工作法的興起很合理。這讓你可以一次專注在一件事情上，但是你也能很快跳到下一件事情同時維持掌控。替自己工作的時候，你會更加意識到時間和產量，這是因為你獨自做事，沒有龐大的團隊。你比較不會想把寶貴的時間花在手機上，因為你做的是你有熱情的計劃。但在辦公室裡無聊沒事幹的時候，我可不介意把沉悶的時間拿來滑手機。

當然也有些關於年輕人與科技的有趣研究，科技巨頭的前員工駭人聽聞地坦承，他們知道自家的線上產品有多麼令人上癮。《衛報》介紹賈斯汀．羅森斯坦（Justin Rosenstein）的時候暴露了一則故事，這位美國軟體工程師在臉書工作的時候，創造了「讚」的按鍵。該訪問揭露了許多關於這個經典陷阱的事情，像是透過間隔發送推播通知，讓你更常查看手機，並且把社交網路的體驗弄得像是遊戲一樣（愛心、按讚、民意調查、分享）。報導透露「比較年輕的科技專家正在戒除自己的產品，把孩子送去菁英的矽谷學校，校內禁用手機、平板，甚至連筆記型電腦也禁止。」[18]另一位臉書前員工查馬斯．帕里哈皮提亞（Chamath Palihapitiya）在二〇一一年離職，他承認「我們創造的工具撕裂了社會，影響了社會的運作。」[19]最可怕的是，他說漫不經心地滑手機並不是我們無意間落入的陷阱，而是顯然「就跟他們（科技巨頭）的設計師所預料的一樣。」如此誠實可能產生的建設性結果是，比較年輕的一代會更意識到科技背後的科學，以及個人使用方式可能造成的後果。自知和自我分析是不讓科技太過控制你的第一步，更加了解科技實際上的製作方法則是下一個步驟，讓人能夠避免一輩子牽扯其中。如果更了解該設計或是構造，我們就能夠採取行動來抵抗其影響。正如瑪莎．萊恩．福克斯（Martha Lane Fox）所說：「讓我們教育孩子，盡可能把我們所知的科技教給他們。我們需要超越基本常識來養育第一代的數位原生理解者——不像我們其他人，他們知道科技是怎麼做的、哪裡來的。」[20]為了真正達到科技自主、培養膽量，我們必須更深入去了解，否則就只是盲目地上癮，沒有去探究在表面之下科技究竟對我們做了什麼、原因為何。

無止盡地瀏覽新聞也讓我們許多人生病了，資訊的步調持續不斷，記者潔絲・卡門斯（Jess Commons）最近在時尚網站 Refinery29 寫道：

> 幾個月前，我這個成長完全、功能正常的人類女性，休假了將近一個月，起因是金正恩與川普之間的緊張形勢升溫。我知道大聲講出這種話聽起來很荒謬，但是從「烈焰與怒火」（fire and fury）那天起，我整個人就一團糟。我有好幾天都坐在沙發上哭泣，不吃東西、看垃圾電影，不管任何人跟我說什麼，我都沒辦法控制自己的焦慮[21]。

我們的手機可以讓很棒的事情發生，但也可以是許多焦慮的來源，該是時候取得掌控了。我們需要設下個人的限度，不要為了關機而感到抱歉。

有空休假絕對能讓我處在最佳狀態，讓我感到神清氣爽、動力滿滿、充滿想法，準備好要解決新問題。人絕對不可能一直百分之百地付出。

休息的力量

- 休息能夠提升創造力。
- 離開某項專案，把注意力轉移到另外一項需要不同技能的計劃，或是以不同的方式動腦，能讓你把工作做得更好。
- 暫時從某項工作中轉移注意力，可以顯著提升長時間專注在該項工作上的能力[22]。
- 正念專家安迪．普迪科姆（Andy Puddicombe）提倡十分鐘什麼都不做，認為這樣具有徹底改造的力量，這比聽起來還難，不過非常值得一試。

接納慢活

「慢活」感覺像是個時髦用語，但是遠遠不只如此，這是一項運動——而且你猜對了——是一項緩慢的運動。慢活本質上就是在日常生活中各方面採取比較慢的方法，所接納的生活型態與我們習慣的快速文化截然不同：慢通訊、慢食、慢時尚、慢生活。這種生活型態很難實踐，由於我們所處世界本質的緣故，新聞故事總在驗證以前就傳遍社群媒體，資訊就像野火一樣蔓延。

我問過著名的攝影師暨受歡迎的ＩＧ網紅莎拉・塔斯克（Sara Tasker）對慢活有什麼看法，她累積了成千上萬的大量追蹤粉絲，透過慢活鏡頭呈現自己的生活，她的ＩＧ帳號@me_and_orla讓人看了就放鬆，與快節奏的生活截然不同，讚頌著寧靜的時刻。她說：

我把慢活視為「忙碌」的解藥，有時候要用比較困難的方式做事——走路不開車、掃地不吸地，或者只是看著窗外的雨而不查看手機——這是集中注意的方法，停止向前衝。網際網路很棒，聯繫起我們與周遭的人，但是我們仍然需要安靜的時刻與自己連結，也與人類的偉大歷史連結，他們有時也會走走路、掃掃地、看看雨。在一個把生產力與價值畫上等號的世界裡，慢慢來可說是一種反叛的行為。

在生活中結合慢活的訣竅

- 如果你發現自己像殭屍一樣下反覆重新整理網頁，注意了，閉上雙眼暫停一會兒，要意識到這些時刻，防止自己茫然地呆住。
- 每天早上給自己一點時間，拿起手機開始滑IG之前，在床上躺個幾分鐘什麼事情也不做。
- 接納無聊時刻——允許自己有個無聊的下午。
- 早點出門，走路去開會或是跟朋友碰面。
- 在家看一部電影，把手機放在抽屜然後出門去吃晚餐。
- 寫日記。確認並寫下你在線上看到的東西，那些讓你感覺不如人、很嫉妒或是很悲慘的事情。這些是「比較教練」（Comparison Coach）露西．薛若登（Lucy Sheridan）所謂的「比較觸發物」。
- 好好參與用餐時間（還有烹飪和進食的時候）。
- 通勤的時候改成收聽播客，不要查看電子郵件。

第一項挑戰是要計算出我們自己的個人界限，決定怎麼做才可行；第二是要雇主設下界限，以身作則；第三則是保有我們的選擇，維持平衡。

該是時候慢下來，稍微抬頭看看了，小小的一步總比沒有好。

6
Chapter

工作與生活的混合

把工作生活和家庭生活混合在一起是好是壞？這不是一個容易或者能直接回答的問題。一方面來說，混合兩者表示你能過著更平衡的生活，因為要分隔兩者在今日是非常困難的。或許你已經混合了工作與家庭生活，有些日子在家工作，辦公的時間不受拘束，你在收發電子郵件之間洗衣服、在下午接送家庭成員，隨心所欲去分割一天的時間，微觀來看更加靈活。這在許多方面聽起來都很棒，可以彈性依照生活決定你的工作。我們的科技可以讓人更有彈性，去擁有適合個人需求和個人生活的工作時間。但是另一方面來說，這也很危險，因為少了工作與休息之間的明確界限，你可能會讓自己過度勞累。我很推崇混合的方法，只要能以適合你的方式加以運用，我認為把工作和家庭生活混合在一起愈來愈不可避免。根據彈性工作求職網站 FlexJobs 與全球職場分析（Global Workplace Analytics）二〇一八年的報告，在家或至少有部分時間在家工作的人，自二〇〇五年之後，在美國增加了百分之一百一十五──從一百八十萬人增加到三百九十萬人[1]。

我們有工具可以過著混合的生活，然而我們可不想做苦差事，在混合生活之後卻落得沒有多少專長。我感興趣的是如何應付、處理，保持頭腦清醒，掌控我們要混合多少生活，知道為什麼要這麼做。

模糊的界線

此時此刻，我們混合的程度遠遠大過我們所想像，雖然仍有許多人認為混合工作與家庭生活很糟糕，他們寧願把兩者完全分開，但是卻會在搭火車上班期間寫電子郵件。其實，隨身攜帶手機這件事本身就表示你的界線已經模糊了，或許你在週末查看推特，目的是為了替生意招攬一些新追蹤者，這是玩樂（因為你可能在實況發送《英國烘培大賽》〔Bake Off〕節目裡一些有趣的俏皮話）還是工作（因為你在吸引新追蹤者）？即使你沒有安排彈性工作，如果你在搭火車上班途中回覆電子郵件，或是在沙發上觀看《X音素》（*X Factor*）的時候快速查看一些工作相關的事情，嚴格說來你就混合了工作以及家庭生活，可能連你自己都沒有意識到。自從科技問世以來，愈來愈不容易把工作與家庭生活完全分開了，事情不再那麼簡單，這其實是個相當新的問題，例如把工作上的電子郵件傳到手機上算是最近興起的。推特的英國總裁布魯斯・戴斯利（Bruce Daisley）在一篇《泰晤士報》的訪談中表示，「自從手機上的電子郵件問世以來，我們便能夠不斷查看收件匣，導致工作日從七個半小時增加到九個半小時。」[2]這顯示混合讓我們做得更多，卻沒有額外收入（除非你是自僱者，或是嚴格按小時收費）。我們就這樣坐視不管，接受工作滲入我們的家庭生活，這似乎不太合理。

工作與生活

工作會滲透到我們的個人空間中，不請自來，例如要是我們的伴侶或好友在工作上過得很糟，那會影響到我們對自己工作的看法，也會影響到他們與工作之間的關係。

一項由韓與多賀曼（Hahn and Dormann）所進行的德國研究，探討了一百一十四對伴侶，雙方都有工作，他們發現「人如果希望下班後在心理上抽離工作，與他們的伴侶自身從工作中抽離有關。伴侶對於工作的感受和情緒關聯很大，這顯示我們很容易受影響，會承接他人的感覺。如果你的另一半覺得回家之後很容易就能不再理睬工作，那麼你大概也會覺得比較容易抽離，這對你們的家庭及工作生活都有幫助。」[3]

對我來說，認為我們可以真的把工作和家庭生活分開又是另一個錯誤的迷思。這兩者總會以某些方式交織糾纏在一起，如果認爲可以從中一刀兩斷分開就太天真了。

如果你需要抱怨工作上的苦惱或是抱怨你老闆，去散個步，出門吃點東西逛一逛，跟朋友或是伴侶聊一聊。這麼做有助於你宣洩，表示你不會把負面的工作能量帶進你家客廳。因此工作能量的混合值得密切注意。

我們從來就無法從工作中徹底抽離關機，不過我們可以找工具幫助我們這麼做，也可以試著找方法讓工作不要這麼有壓力、這麼令人難以招架。在職涯中擁有多樣複合物的話，你再也不會覺得完全虧欠某樣事情，因為你的時間分散在多樣專案之間。專案的截止日期時機也比較短，因為你有多項工作，那種可怕的感覺通常也就沒那麼強烈，你知道很快你就會展開下一件事情，有個全新的開始、全新的能量感受。許多我的工作恐懼都來自於感覺會永久跟某件事情連在一起，像是困住了一樣。

我在社群媒體工作的時候，替大品牌和全國性的雜誌發推文，從來沒有關機過。我不是待命中的護理師，但是我對待我那膚淺行銷工作的態度，就好像那是全世界最重要的事情。年輕的時候做一項新工作很恐怖，你覺得自己應該要隨時「待命」，學著設下界限不是天生就會的事情。我的職責有一部分是要讓自己隨時更新，掌握所有品牌的社群媒體管道，監控正面留言、負面留言以及危機處理情況（也就是有人說了某些重度損害公司的事情）。我會把有害的留言標示出來給執行長，由團隊一起決定最佳處理方式，我感到自己**隨時**都緊張不安。在學校的時候，沒人教過你該怎麼應付這種「隨時待命」的心態，我從小就深信工作與休息時間是完全分開的，可以關上門就拒絕，但是對於我們許多人來說，工作會滲透到生活各方面，很快就讓人感到難以招架。這可能是因為從我們父母親那一代以來，工作的改變太大了，我們對未來的想像，與如今的模樣是如此的不同。

當時，我的工作生活非常不健康，我分不清工作與家庭生活，因為口袋裡的電話老是響個不停。我可能在鄉間參加姪子的生日派對，人在蹺蹺板上上下下，或者是在球池裡跳來跳去，然後手機就會響起來。「有狀況必須現在處理」，電子郵件的標題會這樣寫，讓我感覺胃彷彿挨了一拳，必須跑出去處理這樁緊急狀況，然後錯過與家人相處的特別時光。於是我不得不問自己，**這真的是我想要的職涯模樣嗎？事情是不是只會變得更糟糕？**

重點是你不必在社群媒體工作，也不必做像我剛剛描述的那種工作，只要下班後出現緊急事件，你的肚子也會像是挨了一拳。我們大部分人都遇過半夜瘋狂老闆寄來的電子郵件，還指望你回信。隨時都能取得聯繫會讓我們感到焦慮，我待過許多工作環境，你愈忙碌、工作到愈晚，在團隊的收件匣裡顯得愈醒目，就表示你被視為比較好的員工。但事實並非如此，學會什麼才是真正的緊急、什麼是偽裝的緊急，這本來就是一項技能。

可以說我們做的比我們想的還要多，如果你有公開的ＩＧ或推特帳號，你就是（也許你沒有意識到）在向世界推銷你自己和你的品牌，告訴大家你「待命中」，其實界線遠比我們所想的還要模糊。由於我的工作與生活模糊的太嚴重，我意識到如果要這麼模糊，我就照自己的意思工作就好了。我把這當成是投資自己，不論結果如何，我會得到所有的獎勵，而不是被公司拿去。這未必是對「某人」比中指，但是如果我得「一直待命」，在這個沉迷科技、地位和評價的世界裡，我要用我自己的方式來做事情。我會把每一次點擊、每一個小時、每個深夜、每道模糊的界線，都當作是對自己的投資，以及那些我有朝一日會執行的計劃。這是我替工作負荷過量解釋的方式，至少我一直都會有些東西可以依靠——我自己的個人品牌和技能。

我想談談優缺點，還有該如何應付這種工作與生活的混合，因為我認為這對於未來的工作對話很重要。我想我們在未來的生活混合只會更多、不會變少，與其夢想舊日時光，我相信我們必須往前進，學著如何應付這種混合。我的想法就跟我在青少年時有諾基亞（Nokia）3210手機一樣，沒人能夠真的打擾到我，除了偶爾一則單純的簡訊，沒訊號或是手機關機很正常。如今我有iPhone，沒有理由不立刻回覆，如果有人在三十分鐘之內沒有收到回覆，他們通常會覺得可以採取後續行動，「你有收到嗎？只是想稍微提醒你一下。」寄出電子郵件後一小時內就去催人家，根本就不算稍微，更別提已讀通知了。我們用的不是破舊的諾基亞手機，而是火力全開的智慧型手機，所以期望也升高了。大家夢想著要「分離」工作，但那是從前你的確無法聯絡到同事的時候，除非你寄信或是讓貓頭鷹嘿美去傳遞消息，科技已經改變了一切，而且廣為眾人所接受。

威爾．賽爾夫（Will Self）最近講了一些話，讓我在我的筆記型電腦前大喊「噢對嘛」，我們認為工作與休閒是分開存在的，但其實不是：「不工作與工作的觀念被禁錮在令人難以容忍的互惠關係中，你沒在工作只是因為你之前在工作，而你在工作只是因為這樣你才能夠不工作。」[4]我們要工作才能休息，休息時間只在我們有工作的時候存在。亞里斯多德說過：「工作是為了休閒，有休閒才有快樂。」我們為何不能合併兩者，在工作的時候也擁有一點休閒時光呢？為何一定得是兩種完全的極端？這與錯誤的觀念有關，認定我們要快樂只能在退休後，或是達到人人奮力爭取的職涯涅槃境界之時才有可能，但是我們應該試著在這一路上也找到一些樂趣才對。

朝九晚五（或是另一種變化版本）

一九六九年時，查爾斯．布考斯基（Charles Bukowski）寫了一封著名的信給他的出版商約翰・馬丁（John Martin），談到能夠逃離全職工作的喜悅。

工作從來就不是朝九晚五，那些地方沒有自由的午休時間，事實上更多時候，為了保住工作你是沒時間吃午餐的。還有超時加班，帳冊上的加班紀錄似乎永遠都不正確，要是你抱怨，就會有另外一個傻瓜來取代你。

朝九晚五從來就不是朝九晚五，科技也讓「加班」變得更嚴重。有了複合式工作法，不再是整整五天的工作和兩天的玩樂，每天都能稍微平衡一點，界線也能夠更成功地融合。我能夠制定自己的工作週計劃和週末原則，這並不是說每一天或每一週都很完美，但是我想在工作與玩樂這兩種極端之間取得平衡。有幾週我可能會工作六天，有幾週工作三天，有幾週我可能會賴床，有幾週則是早上六點就起床出門。這種看待工作週的方式截然不同，取決於你想要做多少工作或是不工作，由你事先計劃，避免工作量不足或是超時工作，視你所做的計劃而定。我以前整個星期都很悲慘，只在週末才有一點陽光與快樂，往往週五傍晚異常興奮，然後週日午餐時開始感到厄運降臨。我想要改變這一點，才能擁有更平衡的工作與休息，我不想再為了週末而活。這並不是說我沒有過得很糟的日子，生活就是生活，工作就是工作，但是我現在有更多機會擁有美好的休息日和美好的工作日了。

或許問題不在於「工作生活混合是否不好？」而是在於「我們該混合**多少**？界線又在哪裡？」我們必須確定自己用富有生產力的方式來混合，而不要只是因為我們**能夠**這麼做。

三種避免過度混合的方法

❶**即使你不進辦公室，也要設定辦公時間：**複合式工作讓人擁有靈活彈性，但是你仍然需要辦公時間或規範。確保你給自己設定工作時間範圍，如果稍微超過一點沒關係，但是你需要有點概念，知道何時該把筆電擱在一旁，要不然你會一直工作，感覺永無止境。

❷**午餐休息時間不看社群媒體：**這一點適用於任何一種工作安排，一天當中要有一段完全休息的時間——遠離工作和社群媒體。

❸**讓自己對別人負責：**如果你知道自己會省略午餐，新鮮空氣、散步、一天當中的休息時間、傍晚小憩等等，那就計劃去拜訪朋友或家庭成員，如此一來你就要對

別人負責。例如要是你痛恨運動，但如果計劃跟別人一起去健身房你就得去，因為你不想讓朋友失望。

愛管閒事還是想幫忙？

關於複合式工作法，其中的問題是如何跟你的老闆溝通，說你可能想做個工作以外的副業。這發生在我的某幾個工作上，我老闆有次問到我的專案，我看得出來，她擔心那可能會讓我在正職上分心。她知道我有接其他專案，像是在晚上替雜誌寫文章，因為她跟我在臉書上是朋友。她想提出來是因為她不了解我怎麼有時間做這些，我卻認為她很奇怪，因為我都有把工作做完。最後到了我必須選擇的時刻，因為副業愈做愈大，我很樂於同時從事嗜好和我的全職工作，因為我很喜歡，但是副業令人興奮的地方就在這裡，可以小而滋養，也可以轉變為更大的東西，不論你是有意或無心。

有時候你老闆會對你工作之外的專案有意見，但是我認為隨著職場持續逐步發展，當老闖的必須要對員工的組合式職涯或副業更加開放。如今要嘗試某個想法或是創立線上生意相當簡單，大家會去探索各種方法。網域託管公司 GoDaddy 在美國進行了一些研究，詢問一千位千禧世代和一千位嬰兒潮世代對於副業的看法。他們發現千禧世代中每兩人就有一人有副業，而嬰兒潮世代中每四人就有一人[5]。去年的谷歌搜尋趨勢顯示，搜尋「副業」的人在英國增加了百分之一百三十八，在美國增加了百分之一百七十八[6]。

只要工作都有完成並且做得好，這都不是問題，我們不應該覺得需要全天候致力於一份工作。

我們的雇主有權知道合約工時之內我們人在哪裡，但我忍不住會想這是否有必要改變一下，雇主與員工之間的信任需要加強。尤其如果有更多的員工要求彈性工作——這需要某種程度的信任。我記得有一次，我必須鉅細靡遺地告訴我的男性上司我要去看避孕門診，他必須確切知道我為何得去看醫生，因為我的工作日被打斷了。我們為何不能以私人理由離開辦公室，相信並且知道勤奮的員工會把工作完成?沒有任何事情比健康重要，這一點不容爭辯，沒有健康，我們對雇主也沒有價值。

有時候很難告訴同事我們的私人生活發生了什麼事情，我記得青少年時期看過的美國情境喜劇和電影，有些辦公室場景浪漫喜劇裡的角色可以有「私人日」。「私人日」表示你可以誇張地抓起辦公桌上的包包，對著老闆大喊這是「私人日」——對方看起來會有點慌張但並不生氣——接著你就可以離開去處理自己的事情。我相信事情不是像電影中一樣，只要你想就能離開辦公室，但是在美國，你會有一些有薪假。如果我們在英國能有這樣的私人日津貼（像在美國那樣），不是很棒嗎？「私人日」這樣的概括術語表示，如果你不願意，你就不必詳細地解釋自己的私事，在這個新的公共社群媒體時代，我們知道同事的事情遠比有網際網路之前還多，我們應該要更開放才對。有個跡象顯示我們在職場上的開放愈做愈好了，那是二〇一六年麥德琳．派克（Madalyn Parker）一則爆紅的推文。她是密西根一家軟體公司的網頁開發人員，留了一則不在辦公室的訊息給同事，解釋她需要休息才能「專注在自己的心理健康上」，這則訊息獲得她老闆班．康格爾頓（Ben Congleton）的良好反應。他在一封寄給全公司的電子郵件中讚賞她是「我們所有人的榜樣」，該信內容談到心理健康的重要性[7]。布里斯托（Bristol）有家名叫「共存」（Coexist）的公司在二〇一六年登上新聞頭條，因為該公司決定另外給予員工生理假，而不列入病假計算。耐吉（Nike）在二〇〇七年時就有生理假，為何這仍能引起這麼大的討論呢？我想這突顯了一個事實，職場依然難以給員工任何層次的彈性，有許多不同的理由讓男男女女需要曲折地運用他們的一天，但只要能夠完成工作，就不應該染上汙名。

設下清楚界限的重要性

界限非常重要，尤其如果你在家工作的話，根據電子商務新聞網站BizReport最近一項針對遠端勞動者的調查顯示，有百分之三十八的人會在夜裡某個時刻醒來查看電子郵件[8]。這對任何人都不好，要是你在半夜回信，你的老闆或同事會得到暗示，認為可以在荒唐的時刻得到立即回覆。只因為我們能用科技做更多的事情，隨時都能上線，並不表示我們就應該這麼做；只因為某個人寄了電子郵件給我們，並不表示我們就該馬上回覆。放著電子郵件暫不回覆的「正常」時間變得愈來愈短，因為我們對人的期望愈來愈高，沒有界限我們就會對裝置唯命是從，那是網際網路的無限迴圈。

應該要由我們來選擇是否想把工作延續到夜晚，這取決於你是否出於自願這麼做。某個晚上你想做點工作是一回事，要是你覺得不做可能會被開除或是惹老闆討厭，那又是另外一回事。這攸關混合背後的心理和情緒，領導者和老闆應該要帶頭，讓大家看到擁有健康的混合是有可能的，如果你的老闆不能以身作則，要貫徹自己的原則就很困難了。網際網路剝奪了我們天生的有形界限，我們隨時都能被找到，總是以某種方式連結著，訊息打了兩個勾勾我們就知道人家已讀，因此我們需要雇主（即使你是自己的老闆也一樣）跟著強制執行某些界限。我以前的老闆也有工作以外的專案或嗜好，這一點確實改善了我在辦公室的心理健康，因為他們了解生活還有更多在辦公室以外的時間，如果要求休假一天，他們也會比較寬容。

對某些人來說，彈性或遠端工作表示你允許老闆（或者同事、聯絡人等等）可以一直找你問東問西，讓人感覺更有壓力，有點專橫。因為你就在線上，是電腦桌面上的一個圖示而非本人在場，某些人會覺得這樣很受侵擾，不如像在辦公室裡的時候，別人可能會走過來當面問你。這就是為何不管你怎麼安排工作，你都需要決定某些不容侵犯或是可以寬容的界限。對我來說，線上的界限就跟有形的界限同樣重要。

設下界限的三個最佳訣竅

❶ **預先控制期望：**讓你的團隊或同事知道，你下午不會出現在 WhatsApp 或是其他的通訊軟體上，不過你會盡快回覆。

❷ **採用「不在辦公室」通知：**一則友善的「不在辦公室」通知能夠減少某個下午的

電子郵件，你不必去度假也能「不在辦公室」，我會在忙碌的日子裡採用這個方法，讓我覺得壓力比較沒那麼大。

❸**連結到預先準備好的答案：**在你的「不在辦公室」通知裡，你可以在電子郵件的內文中回答問題。例如：「如果您來信是關於X，最佳人選是這位」、「如果您想詢問有關X計劃的事情，這裡有一篇我撰寫的部落格文章。」差不多就像是「不在辦公室」的常見問答集。

你想把工作和玩樂混合到什麼程度？

就像工作對某些人來說不一樣，休息時間也是，對你來說放鬆的事情，對別人來說可能並不是。例如我姪子討厭坐著不動，如果要他在椅子上坐一下午，他絕對不會感受到一絲一毫的放鬆，如果給他一顆球去公園踢，他就能立刻放鬆。我們全都不一樣，不應該覺得自己需要在休息時間有生產力，不必一直追蹤自己的冥想，彷彿那是某項工作專案似的，也不必在應用程式上計時自己的睡眠，或是覺得有壓力一定要讀完一本書。社會要我們在生活中各方面都有成就，不管是工作或玩樂，但休息時間很個人，重點是找出哪個樣子適合你。

回答這些問題，找出你的界限

- 在何種情況下你不介意人家寄工作相關的電子郵件給你？
- 你是否一直很清楚何者是工作、何者是玩樂？或是這兩者很容易融合？
- 你不容侵犯的「休息」界限是什麼？（也就是說你無法接受在這段時間內工作。）
- 你可以寬容的「休息」界限是什麼？（也就是說你不介意在這段時間內做一些工作。會是哪種工作，為什麼？）
- 跟同事一起的 WhatsApp 等娛樂群組，對你來說算不算工作？
- 工作上的派對，對你來說算不算上班時間？
- 哪種聲音有助於你工作？音樂還是安靜無聲？
- 你比較喜歡在大團隊還是小團隊內工作？
- 同事要有哪些人格特質對你來說很重要？

試著從你的答案中找出共通的主題，轉換為一套「規則」，這也能幫助你找到時間做其他的副業或複合物，例如：

- 晚上七點半以後我不回覆電子郵件。
- 上班通勤途中我不查看電子郵件。
- 做副業的時候，我會把手機設定為飛航模式。

取得適合的工作與生活，而非平衡

我記得跟莎拉．傑克森（Sarah Jackson）聊過，她是提倡工作與生活平衡組織 Working Families 的執行長。在某次座談中，她說「平衡的工作與生活」讓我們有罪惡感，因為平衡難以衡量，而且對每個人來說都不一樣。某個人的平衡可能是指有更多時間陪孩子，另一個人可能是需要更多的休假，再另一個人可能是指有更多時間從事副業或嗜好。莎拉轉而談起「適合的工作與生活」，我認為感覺起來這個詞更適合總結工作與生活的模式。

座談上有位企業家被問到，「妳是否會想辦法在生活中取得某種平衡，好讓自己準備有個小孩？」那位企業家的回答是，「你怎麼知道我想不想要小孩？」

我們常常假設大家都想要同樣一件事物，但是適合我們的未必適合其他人，屬於你的適合工作與生活，對你來說是獨一無二的。

工作上的額外好處？該是看清陷阱的時候了

在某些情況下，雇主利用彈性工作來試圖把你吸得更乾。他們可能會試圖讓我們覺得擁有彈性，其實卻要我們超時工作，甚至把所有的時間都拿來工作。例如無限制休假的制度，表面上看起來似乎很棒，但這表示人家會無止境地聯絡你，或者你必須在其他地方補足時間，使你永遠也擺脫不了公司的限制。二〇一四年時，英國廣播公司（BBC）報導理查・布蘭森（Richard Branson）要給予維珍集團（Virgin Group）旗下所有員工無限制休假。這聽起來是一個非常好的前提，看起來完全與本書的想法一致，重視生產力而非假性出席。布蘭森說道：「我們應該注重大家完成了什麼，而不是工作了幾小時或幾天。正如我們沒有朝九晚五的政策一樣，我們也不需要休假的政策。」[9]我很欣賞這種說法，非常喜歡，然而我卻也覺得這可能是陷阱。亞倫．麥克伊溫（Aaron McEwan）是顧問公司CEB的人資顧問領導，他表示員工可能到最後不會有多少休假，因為他們感激公司有這種政策，或是擔心其他同事會怎麼想：「大家因為有政策就多休假的可能性事實上很低。」即時通訊軟體Kik Messenger的執行長泰德．李文斯頓（Ted Livingston）表示：「我們發現『想休多少假就休多少假』其實會有反效果——大家休的假更少了。見不得人的小祕密是沒有人會去休假——這是一個『沒人有休假』的政策，而「我們想要的是『一定要休假』政策。」[10]

我從來不認為睡眠艙和想讓員工把所有時間花在工作的想法是好主意，有些公司像是某些社群媒體科技巨頭，被《衛報》描述為「有趣的宮殿而非辦公室，在有需要的時候提供按摩服務，並且員工見面禮中還有一台滑板車。」[11]事情也可能變得更險惡，例如臉書提供替妳凍卵的服務，這究竟是賦予妳自主的權力，還是一種困住妳的方式，讓妳可以替他們工作更長的時間，暫緩自己的人生？

當然這也是一項女權議題，蘇珊．摩爾（Suzanne Moore）說得好：

> 職場的結構仍然無法滿足女性的需求，這個文化也沒有培養男性理解各世代女性的渴望，她們認為自己可以兼顧一切。到頭來我們有的只是大型企業提供女性員

工晚一點生小孩的可能性，交換她們一生中「最好的」那幾年。但我認為這根本不算額外好處，這是賄賂。[12]

我認為重要的是，要看清職場在根本上有多少毛病，不讓人把工作與生活好好混合，也無法在生活各方面都得到提升，所以感覺仍然只能在兩種極端之間做抉擇。也許我們不能兼顧一切，但是我認為我們應該要有機會嘗試，要能彈性靈活地工作，而不必受到隨之而來的汙名影響。

這些額外的好處——無限假期、冰箱裡提供啤酒、辦公室現場酒吧、遊戲機——全都是為了合理化每週五十小時以上的工時，卻不讓員工擁有工作以外的生活。我以前的工作有免費滑雪之旅、辦公室派對、桌球，這些行程如果僅限在工作日都沒問題，但是提供這些好處讓員工永遠脫不了身，感覺卻更加令人絕望。

在德光宮的《做你所愛》一書中，她說讓員工感覺他們熱愛工作，也變成一種剝削的委婉說法，躲在這個口號後面，雇主可以從員工身上壓榨出更多的工作。這是另外一個例子，說明了為何把所有的雞蛋擺在同一個職涯籃子裡很危險。

把工作帶回家與把工作壓力帶回家

最近我讀到一些文章，讓我明白：把「工作」帶回家與把「工作壓力」帶回家是兩件非常不同的事情。網站 girlboss.com 上面有篇文章說：「晚上把工作帶回家是一回事，但是把有毒的工作壓力帶回家，卻會把你的家庭生活和關係搞得亂七八糟。」這比任何事情帶來的心理挑戰都還要大。兩者之間是有差別的。把真正的工作帶回家——例如某個專案，或許你可以在客廳裡做事情——跟把職場那種有壓力的環境或感覺帶回家。讓任何一種不好的氛圍從工作進入家中都會令人心煩亂。我記得自己有次在放假的時候，因為一封來自同事的電子郵件而苦惱，加上那個同事在臉書線上，所以我在視覺上一直被提醒她的存在，這確實毀了我的假日。我們絕對無法脫離職場上的感受，至少我很確定「眼不見為淨」在網際網路出現以後是沒有用的。

很多人擔心在家工作或是在晚上工作會導致過勞令人吃不消，這點可以理解，但是另一方面，從事工作以外的專案或是按照自己時間表的話，在家工作或是在晚上工作可能有些正向之處（如果你是夜貓子的話）。以下我列出了兩者之間的差異——區別兩者的差異很重要。

不管你認為自己把工作與休閒生活做了多大的區隔，這兩者都會緊密地連在一起轉動，

把工作帶回家	把工作壓力帶回家
讓你的裝置（筆電、手機、平板）幫助你完成額外的工作。	與同事溝通不良，因為需要面對面開會才能釐清事情。
在家也能輕鬆地與同事及老闆聯繫。	把白天沒解決的事情帶回家，但卻無法獨自搞定。
具有生產力同時也能節省通勤花費。	在腦海中不斷重播不太順利的工作對話。
在自己的空間裡，能創造自己的環境背景與界限。	

就像是一個整體。我們工作是為了休息，能休息則是因為我們有工作，工作與休閒是你生活中的陰與陽，是你人生中的兩大部分。每個人都會有點週日夜晚憂鬱，但是如果你嚴重受到影響，就該是時候改變你的職涯了，因為你的混合也許不太對勁。

混合方法之所以適合複合式工作者，是因為你可以設計自己的上班時間，決定一週的起始點和你的工作地點。混合方法對於自僱者和從事副業的人來說具有建設性，因為你可以獲得額外時間工作的好處。替某個雇主工作的時候若是混合過度，最後可能會變成剝削，導致崩熬，因為最終掌控的不是你，也不是為了你自己的獲利，你的混合只會變成其他人的利益而已。

調整混合的訣竅

- 如果你混合了週間和週末工作，要確保給自己休息的時間。例如要是週日晚上你在家做了某項專案，就要讓自己在某個週間的下午休假——而且不要有罪惡感！
- 一定要補休——即使你替自己工作也一樣。
- 記下你的工時，這樣你會有個上限，也有東西可以遵守。因為你在混合工作，但不表示你的工時應該更長。

- 確保你接的專案不會耗費掉你太多的時間，預先訂定牢靠的契約，清楚列出你會花多少時間在上面。

7
Chapter

複合式工作法的十大要領

以下列出替自己奠定複合式工作者基礎的十種要領。

1找出你自己的獨特混合

第一件要做的事就是弄清楚你的「工作職稱」是什麼，看看本書中的複合式工作者以及他們的混合也許會有幫助，不過最終你的混合看起來會跟其他人的不同。如果你把不同的職責混合搭配在一起，就能提供一種不同的履歷表。依照下列步驟，幫助你界定你的混合是什麼，以及該如何建立信心，去推銷擁有許多組成部分的自己。

- 列清單寫下你希望人家用來描述你的詞。
- 列清單寫下你希望獲得認可的事情，或是任何你想要展開、繼續下去的副業。你可能會發現自己的清單上大概有五種不同的東西，可以當成工作職稱或是各自不同的技能，這也沒有關係。
- 列清單寫下所有你擅長的事情，小事也可以，像是你愛乾淨、是個好主人或是善於聆聽。這些都很重要，因為我們所擅長的事情（不管有多隨意或是多麼形形色色），都能在我們每個人的複合式工作職涯中占有一席之地。許多技能在我們只有一份工作的時候，往往派不上用場。

- 找出不同技能之間的共通主題，你會很驚訝地發現，那些看似隨意的技能，擺在一起就變合理了，能以你之前沒有想過的方式彼此互補。例如兼職播客主與兼職廚師——擅長用不同的原料做東西，自創食譜煮出一餐，這種技能很像是把聲音檔裁成片段再組合起來。兩種工作之間的連結也許並不明顯，但是只要深入挖掘就會顯露出來。
- 練習用這種新的方式大聲介紹自己，講出你新混合的工作職稱。你是全方位的人，擁有許多不同組成部分，要有信心。倫敦卡斯商學院（Cass Business School）的客座教授史帝凡．史登（Stefan Stern）說道：「大家**做什麼**比他們叫什麼來得更重要，我們應該把工作職稱看得輕一點。重要的是能夠了解別人在做什麼而不必查字典。」[1]
- 練習在不同情境中定義自己的職涯。視環境而定，你工作中的某些組成部分會跟在場其他人比較有關聯，尤其你的情況如果能夠符合兩種不同產業的話。複合式工作者職涯的美好之處在於，你可以擁有不同的工作身分，視情況、形勢和委託而定。

重點訣竅

如果你覺得很難找到自己的寫作觀點（不管你是要替網站撰稿、提案，或是寫下這部分工具組的筆記，要寫任何一種東西），你可以錄下自己所講的話——用手機上的語音備忘錄或是錄音筆（我推薦加一個變焦麥克風），之後再抄錄下來。這麼做有助於你專注、放鬆，找到你真正的觀點。我發現大聲講出來能夠幫助我更相信自己所講的話。

2 培養並維持一群微型受眾

身為複合式工作者並不是要你當個社群媒體「意見領袖」（influencer），而是要培養一群真正實在的觀眾，因為你所做的事情而認識你。不管是領英上有可能僱用你的新追蹤者，或是可能請你替他們做點工作的推特粉絲，或者只是志同道合的人，這些人也許對你的工作生活有幫助，又或者只是不帶目的交個朋友。社群媒體很令人驚喜，人人都可以培養社群，不論你是八十一歲想跟學校老友聯繫，或者是十六歲在線上傳訊息跟朋友一起寫作業。

然而只要有了任何一種「粉絲」，你就有可能會落入陷阱：變得沾沾自喜，太過在意某個平台。如果你的IG帳號在一夜之間被刪除了會怎麼樣？又或者是過了幾年之後，那不再是眾人首選的熱門平台？影片分享平台Vine曾被視為一大創新，很受歡迎，Vine一開始吸引了各家公司和品牌的不同專案，接著Vine就不存在了。試想你花費多年時間，讓你的Myspace網站看起來很棒，但是突然之間大家就全都跑到臉書去了，那種事情是會發生的。

當一個成功的複合式工作者表示能接到工作、有人知道你是誰，但並不代表要有成千上萬的追蹤者，不需要廣為人知也不用變得出名，而是指在你的領域和產業中為人所知。不是要當個#正妹老闆，擁有數百萬的忠實粉絲，而是要在「門上」有你的大名，有人知道你是做什麼的，你跟這些人說「請進，讓我們一起合作吧！」這是你的頭號受眾。徵詢你的小型社群（可能是五十人，也可能是五千人），你就可以用簡單不擾人的方式，從你的核心族群中獲得深刻的見解。

培養一群微型受眾對你的生意來說很重要，不過關鍵在於：那必須要真實，這也就是為什麼目標小一點是好事。擁有一群小而融入的受眾，對你的工作來說很重要，主要由有興趣跟你合作的人所組成（也就是潛在的未來雇主）。數字已經不再重要了，因為要是只有一小部分的人關心你做了什麼、說了什麼，誰會在乎你有沒有百萬追蹤者呢？電子報愈來愈受歡迎正是這個原因，擁有一千個真心有興趣從收件匣接到你消息的人，力量遠勝過擁有百萬名IG追蹤者。要把個人品牌轉換成新的生意、約定和重複上門的工作，轉換率對於複合式工作者的生計很重要。

培養一群微型受眾的訣竅

- 傾聽並回應。別把社群媒體視為廣播自己的大型場地。
- 問問你自己，**為什麼我要發這種文？**總會有理由，如果沒有，改用 WhatsApp 傳送那張照片、貼文或問題給某個朋友就好。
- 「真實」這個詞最近被過度使用了，不過要通人情，因為大家看得出來你是否刻意想表現「真實」，盡可能貼近現實生活中的你就好。
- 安排小型活動或聚會（如果你不想單獨舉辦，就找志同道合的人合作），請大家帶個朋友來擴大你的人際網絡。
- 提供適當的價值——不論是機會、資訊、贈品、訣竅——始終都要回頭去想**為什麼**。
- 開辦電子報，這一直是個擁有積極參與小社群的最佳方式，好讓你遠離公開社群媒體平台上的雜音。

・在發文頻率和追蹤者數量上，要質重於量，不要為了每天發文而發文。

增強信心的訣竅

你不必擁有龐大的線上網絡也能產生重大的影響，在提摩西・費里斯的《導師部落》（*Tribe Of Mentors*）一書中，提姆・厄本（Tim Urban）說道：「每千人中（網際網路使用者）只要有一人湊巧是你的讀者——百分之零點一——就相當於有超過一百萬人絕對會喜歡你做的事情。」[2]我記得這一點，也覺得這句話很令人振奮，因為這證明了你不需要多大比例的網際網路使用者欣賞你做的事情，只要很小一部分就有很多人了。科技是很棒的工具，只要我們能以正確的方式利用，跟對的人建立關係（第九章還有更多關於建立人脈與連結的討論）。

3 始終處於測試模式

說到職涯，我們無法再用同樣的方式事先計劃，因為新發展的速度有些是我們無法預料的。不管是替自己、替小型團隊或是大型企業工作，我們必須保持靈活。你沒有辦法一次就學會所有的東西，或是在某次內部訓練課程之後就永遠成為專家。本章節的靈感來自於領英的創辦人雷德·霍夫曼（Reid Hoffman），他說「始終處於測試中」，意思是指行事表現要像是你不曾真正完成一樣。在科技與工作的新世界中，我們全都仍在學習，沒人不用下苦功，要持續地學習，年復一年地重新塑造自己。在與德勤公司談及工作未來的訪問中，湯馬斯·佛里曼（《紐約時報》的專欄作家）說道，「永遠不要認為自己『做完了』，否則你就真的完了。」[3]

我們永遠無法完全精通某事，因為總有新的東西可學，這沒有關係。處於這樣的測試模式中，你更有可能轉向或嘗試新事物，因為你不隸屬於某一事物。如果你用這種方法來工作，表示你更有可能是個早期採用者，這有助於領先別人。如果我們停滯不前，覺得自己早已萬事皆知，那麼我們就有落後的危險，「如何保持測試模式」意思就是「如何保持關聯性」。

如何保持測試模式

・線上課程、網路研討會和付費課程，對於充實你的履歷很有幫助，還有學習新技能，像是拍影片、Photoshop、編碼、語言或攝影。例如：

—可汗學院（Khan Academy）提供免費線上課程，涵蓋幾乎所有科目，包括數學、電腦學、藝術史、文法、經濟學、個人財務，甚至創業。

—Skillshare是一個學習平台，能幫助你學習增進創造力的新技能，從攝影到編碼、Photoshop。

—應用程式Elevate就像是替大腦做循環訓練健身一樣，特色是有超過四十款遊戲，能提高生產力與信心，增進你的閱讀、專注、記憶、口說和聽力等技能。

・利用你的受眾測試新想法，當成頭號粉絲。例如在IG發一則調查（請你的觀眾投票），就有助於做出關於你專案或生意的小（或大）決定。

・自立處於測試狀態並不表示時常需要更新或是持續改造，只需一路上稍微改進，保持新鮮感即可。例如不用每幾個月就得重新設計整個網站，不過確實可以看一下該做哪些調整，或者是有哪些新功能／小裝置剛推出，可以很容易就加上去。訂閱設計電子報，密切注意你最愛的網站，看看他們如何逐步演變。

4 接納個人化時代

我們處在個人化的時代，線上各種個人化推薦撲面而來（大多時候都很管用，直到後來有點令人毛骨悚然）。最愛的網站記得我們的密碼、銀行資料還有我們愛買什麼，我們設定Pinterest的版面，組織自己線上生活的方式就跟離線生活一樣縝密。如果個人化如此迅速地在線上發生（不論我們喜歡與否），那麼我們為何不能以同樣的程度來個人化我們的工作生活呢？這就是複合式工作法希望做的，把我們的工作生活個人化，工作沒有理由不能像一襲精心剪裁的套裝，為我們特別製作，能夠強調出我們的最佳特色。

你可以用什麼方式開始把生活個人化？

· 實驗看看你最適合在哪種環境中工作。

—做做邁爾斯—布里格斯（Myers Briggs）性格測驗，有助於顯示出你對周遭世界的看法，還有你是怎麼做決定的。弄清楚環境或團隊的某些調整會對你的工作生活造成什麼影響，例如要是你比較內向，那麼照理說你會很需要遠離繁忙的開放式辦公室或共同工作空間，你需要找到自己的安靜窩。

・你目前的工作型態中，是否有任何特點讓你有罪惡感，但其實卻很適合你？是否有方法可以接納這些特點，而不要在心裡怪罪自己？

—例如我在晚一點的時候工作效率很好，我一直對這點有罪惡感，但是我決定接納它作為我日常慣例的一部分，不必為此苛求自己，對於非晨型人來說也是一樣。另外一個例子是我有個朋友會用紙本行事曆記錄工作會議，她不想換成線上行事曆，儘管大家認為她應該要數位化才對。列清單寫下所有適合你的日常慣例，試著接納一切原來的模樣。

5 做自己的公關與行銷部門

你家的正面看起來是什麼樣子？人人都有個店面供人評斷，門面曾經是我們的履歷，一張印著無趣 Times New Roman 字體的 A4 白紙。你給人的第一印象以前是面試本身：一件好襯衫、真誠的微笑，還有別提垃圾問題的能力。現在門面完全改變了，我們有能力按幾下滑鼠就讓別人感到驚艷。

你在網際網路上的空間就是你的店面，那是能讓你被人發掘的地方，你可以跟世界上任何人分享，說「這是我的地盤，這是我在做的事情。」不過大家常犯的錯誤是宣傳他們職業生活中不必分享的部分，如果你剛完成一項專案，你去做只是因為有錢領，根本就不喜歡，那就不要分享。你會根據你的分享吸引到更多的工作，所以只需要在門面上列出全部你做過、並且想再做的工作，即使那必須涵蓋你在閒暇時所做的工作。讓自己擁有一個網際網路門面，能夠幫助你吸引到真正想做的那類工作。簡而言之，你要擅長替自己做公關。

線上的你想坐在誰旁邊？知道想法與你類似的競爭者是哪些人很重要，你希望自己像亞馬遜（Amazon）上的誰？想像有一種演算法，會把類似的人和品牌放在一起，列出清單寫下你不介意與他們並列的人，然後開始建立起網絡，包含與你志同道合的人，或者是可能對你的產品或內容感興趣的人。聯手合作會讓我們更強大，即使是跟其他可能被視為競爭者的人聯手也可以。每次要展開某項新專案、賺錢計劃或是有趣副業的時候，我會看看已經在這個空間工作的人，還有我可以利用的受眾。藉由觀察他們的觀眾群，著手了解你能鎖定哪些人。看看跟你類似的推特帳號，或是感覺跟你的氛圍或產品類似的帳號，追蹤他們的追蹤者，與志同道合的人交叉宣傳、共同合作，能夠替雙方的專案都帶來新的訪客，例如與某人合作製作兩段內容，然後把彼此的觀眾引導到對方那裡去。如果是播客的話，你可以錄製一段廣告放在兩個頻道上，交叉宣傳你們的內容。

身為複合式工作者有一部分就是要推銷自己，其實我們都是銷售員。想要把一件傢俱轉讓給鄰居嗎？想在臉書上廉價出售多餘的票券嗎？想在忙碌的咖啡館裡先得到服務嗎？在所有場景中，你都在利用天生的推銷技能來得到自己想要的，在線上的一片噪音裡，推銷自己是一種日常實踐。

在線上推銷自己與服務的六種方法

❶擁有一個媒體工具組，這應該要包括高解析度的標誌、大頭照、數據、關於你或公司的背景資訊還有推薦證言。

❷凸顯所有的活動，你或你的生意是否會出現在真實生活中的某個地方？如果你要主持任何的活動、工作坊，或者是出現在現實生活中的地點，請在你的網站上為此設立一個單獨的頁面。

❸精準投放你的工作！利用 IG 或臉書上的受眾過濾來實驗社群媒體廣告（可以隨你喜好把廣告精準投放給或大或小的觀眾群，例如十八到二十一歲、住在曼徹斯特、喜歡看實境節目 Gogglebox 的人）。

❹讓人家能夠聯絡到你，在網站或社群媒體上顯眼的位置提供電子郵件住址。

❺要有強大的推薦證言，把人家講過你最好的話公開展示出來，然後放在你的網站或是你線上經營的地方。

❻媒體！擁有一些本地知名媒體或是全國媒體的認可，馬上就能吸引別人的目光。

6你不必辭掉你的正職

如果你是保有正職的複合式工作者，或是起碼有一份你以前就有的兼職收入來源，那真的會好得多，這能讓你沒有風險地去試驗其他事情，決定你想創造哪些其他的副業，而且不會增加立刻必須賺到錢的壓力（我不懂那些在第一頁就叫人辭職的職涯書籍，為何有人會給這種建議？「嘿，就是你，拿著這本書的人！明天就把工作給辭了吧，去吧，就辭了吧，沒事的！」才不會沒事）。

立刻辭職不是許多人在現實中能夠做到的事，除非我們住在黃金屋裡，花園裡的樹上還長著錢。這種我在自助書籍中讀到「就去做吧」的心態，往往是誤用，你不能總是想做就做，不能不顧一切「伸手撈星星」或是「追隨你的夢」，有時候你必須等待適當的時機，先制定策略。

不過在你的職責內要求更多的彈性，**倒是**一件可以做到也有權去做的事情。一開始感覺像是種犧牲，損失一天的有薪工作，但卻是好處多多：擁有屬於你自己的一天（自我照顧），或是開始創立副業，能夠替你增加可觀的月收入。從事額外的專案或副業能讓你學會新技能、提供額外的收入，並且讓你能夠認識新的人——他們可以給你自主的力量，讓你在長期工作上做出更好的選擇。在難以預料的工作世界中，你要替自己留有選擇的餘地，短期的犧牲可以化為長期的優勢。這一切都為了讓自己準備好面對風險，並且在心中有個目標。

想要求彈性工作嗎？以下建議你該如何正式提出要求

- 以書面形式提出。
- 附上日期。
- 描述你希望在工作模式上有哪些改變。
- 說明你希望的時間點。
- 說明這個改變對公司會造成的影響。
- 聲明這是一項法定要求。
- 聲明你先前是否提過要求。

7 你是複合式工作者，不是多工者

關於複合式工作者最大的臆測之一，就是你會像隻蝴蝶似地穿梭周旋在眾多專案之間，從來不會真正停駐在某事上，這完全不正確。你可以擁有多樣工作，但你還是可以在某一樣工作上付出更長的時間。你可能擁有多樣專案或多種組成部分，但你仍然可以好好專注在其中一項上面（這麼做很重要），例如你是兼職護理師暨童書作家的話，你可不能在兩者之間來來去去。從事某項複合物的時候，你要完全專注在手上的任務才行。

大家都知道多工無法達成很好的成果，布麗吉德・舒爾特（Brigid Schulte）在她關於時間壓力、生意及現代生活壓力的《不堪重負》（*Overwhelmed*）一書中提到，她意識到自己的工作情況不斷惡化，是她發現總有太多事情要做：「我老是落後、老是遲到，有一件又一件的事情得做，然後再匆匆忙忙奔出門。」[4]

我是「深度工作」觀念的粉絲，這個詞由教授、科學家暨《深度工作力：淺薄時代，個人成功的關鍵能力》（*Deep Work: Rules for Focused Success in a Distracted World*）一書的作者卡爾・紐波特（Cal Newport）所創。他認為工作主要與專注、致力之道有關，無關你花多長時間，而是你有多**深入**工作。這減輕了「努力工作」給我帶來的壓力。努力工作並不表示要把所有上帝給的時間全用來工作，事實上好好深度工作三十分鐘**不要**分心（沒有手機、推特，什麼都沒有），其實非常有價值，可以做完很多事情。

伊莉莎白·吉兒伯特（Liz Gilbert）的名言是，她的小說是每天花三十分鐘寫出來的，她給夢想成為小說家的人建議是「買個煮蛋計時器」。你不需要完美的場景，香氛蠟燭或是鄉間小屋——你需要不間斷的三十分鐘。有些方便的線上工具像是Toggl和TimeCamp可以追蹤你的時間，替你的生意製作時間報表，找出某些特定專案是否可能拖累了你的時間。Freedom這個應用程式能阻止你一天上網八小時，SelfControl這個應用程式則可以讓你選定想要阻擋的網站。

8 微型行動，微型思考

複合式工作法不是為了提供短期的解決方法，而是要提供策略和機會，讓你能夠打造新道路，比起其他許多職涯計劃都更加堅不可摧。

我慢慢明白到，始終保持「消息靈通」混合了一部分的「當下」（擅長在很短的時間內做完很多事情）以及一部分的「未來」（密切注意產業的重大轉變）。這並不表示確切知道你五年後**將會在哪裡**（現在這是不可能的），而是要思考你所選擇的產業、領域、媒體和社會，在五年後會有什麼發展。

以下是關鍵：你需要考慮全局的趨勢，也要想想該如何達到每天的小成就，重要的是尋找兩者的平衡。去思考：**我是否能在接下來的幾天、幾週、幾個月內實現一些很棒的事情，同時又考慮到產業整體如何發展？**

我們無法預料自己在五年後會做什麼，但是我們可以觀察趨勢，盡可能讓自己有所準備。展望新興趨勢、尤其是新興科技，並不會讓你變成宅宅，這麼做絕對有必要。提供一個好方法是訂閱趨勢電子報，例如 trendwatching.com 或是 Pocket，它會寄一些最好的網路科技文章給你。養成習慣策劃自己的訂閱和追蹤的人，這樣你才能夠直接得到有用的資訊。這需要你製作不同的推特列表、書籤，或者是分別製作個人及職業上的網路摘要。值得投資時間在你閱讀的管道上，好讓自己能夠得到最佳品質的資訊，而不必過濾掉其他的垃圾。

我們不知道未來會發生什麼事情，但是我們還是可以預測一下，同時確保我們盡可能充分利用每一天。

創業家蓋瑞·范納洽（Gary Vaynerchu）在提摩西·費里斯的新書《導師部落》中對他說，

我們「不應該管未來的八年」，而是要關心「未來的八天」。與其做白日夢想著未來，我們應該試著善用每一秒、每一分、每一天，因為這些才能推動我們走向屬於自己的未來。

9 善用你的精力

現代充滿科技的生活型態有一項正面的結果，就是我們可以把日子個人化，這會直接影響到我們的精力分配。我們可以分析釐清，什麼會讓我們創造力滿滿、什麼又會把我們迅速耗盡，掌控權操之在我們。

正如科技作家湯姆·查特菲爾德（Tom Chatfield）所說：「你的意志力有限，心理精力也有限。」這就是為什麼舊的工作結構可能不適合你，我們集中注意力的時間已經改變，工作的方式也變了。我們需要保留精力，明智地利用。

《這樣WORK才WORK》（*The Way We're Working Isn't Working*）一書的作者東尼·史瓦茲（Tony Schwartz）說道：「人類的設計是為了在消耗和恢復精力之間來回往復。」[5] 記下能讓你精力充沛和消耗精力的事情，把時間安排個人化。記下你的精力高峰和低點，因為電腦可以全天候工作，但是我們不能，重要的是要更了解我們的身體、心理和個人節奏。

以精力和小時為單位來工作，我以前在辦公室工作的時候浪費了很多時間：喝茶、閒聊、某人的約會故事、噪音、收音機開著、無數沒有意義的會議。有項職場研究發現，一般工作中的專業人士每天會被打斷八十七次，這讓人很難整天保持工作效率和專注[6]。我醒悟到電子郵件可不是我們的朋友，使用電子郵件讓人感覺很有生產力，但這是個騙局，也是史上最浪費時間的事情，只不過我們全都得用，因此以下提供一些訣竅，教你如何對付排山倒海而來的信件。

多個收件匣

你的多樣專案要有多個收件匣、標籤、顏色代碼，用任何一種你需要的方式把信件從主要收件匣中分類出去。過濾到不同的收件匣中表示把信件移到視線之外，你只需要處理絕對有必要回覆的那些訊息。這也表示你的電子郵件有各個專案獨特的收件匣，這樣就不會把事情搞混了。

排程電子郵件

看起來很忙碌跟有成效是兩回事。我發現自己不必即時寄發電子郵件之後，一切都改變了，在深夜寄信讓你感覺起來很失控，有時候你可能想要先寄信給某人，但是會議的時間卻卡到了。我喜歡大量打好電子郵件，然後看情況一一安排在不同的時間寄出，我可能在看電視的時候回覆信件，但是排程在早上寄出。這也是回覆邀請的好策略，如果你不想表現得太熱衷的話！擴充程式 Boomerang 是可以用在 Gmail 上的好工具，或者是 followup.cc、Streak、Yesware。

在你的線上行事曆上擋下整段的時間

如果你想避免一直被打斷或是要開會，在你的行事曆上空下整段的時間作為深度工作之用，這麼做有助於阻止他人偷走你的時間，或者是你自己不小心把事情排進去。對於複合式工作職涯來說這很重要，因為你不可能總是有時間立刻處理某項專案。

10 別替人免費做事

我們已經談過引起他人興趣是策略之一——發展微型追蹤群眾、擁有最佳化搜尋引擎和網路呈現，吸引客戶。但是「竭力盡心表現」以吸引工作跟「竭力盡心工作、免費」是有差別的，不要養成習慣只發推文或寫部落格推銷你的公司或工作，卻沒有搭配你想在線上銷售的最終目標。

免責聲明：談到副業，過去我替人做了很多免費的事情，當時我大學剛畢業，只求獲得經驗。當時我有份初階工作，但是我也會免費替人做事，因為在大多數的情況下，我確實得到了某些回報：建立人脈的機會、能加在履歷／作品集上的東西，將來能得到十倍的收穫。很多人在過去一開始所做的不支薪工作，肯定是他們後來成功的主要原因。

「曝光」只能勉強在你剛出社會的時候算是一種報償，當時的你幾乎沒有什麼可以貢獻。一旦你有了作品集，「曝光」就很可笑，它不應該在你的工作詞彙中繼續出現。但我們要如何知道別人是否在欺騙我們呢？

大多數人付了數千英鎊的大學學費，為了學習面對工作生活的能力，但是時候到了卻只多了一堆債務，還有人人都期望他們免費工作「一段時間」。這不合理，而且根本不公平。

我們需要坦率談談如何以多樣工作謀生，讓這麼做可行、有現金能週轉，確保我們所提供的服務都能拿到報酬，並且準時拿到。我從不免費做事，除非那是特定的機會，也許能讓我接觸到某個商業目標（不是以金錢為導向的）。例如有許多潛在客戶的愉快活動，或者是著重在做出改變與非營利的合作。

如何確保工作能拿到錢的四個訣竅

❶找個中間人：僱用介於你與客戶之間的人通常是值得的，這人可以寄發收費清單、追蹤付款（就像是線上私人助理）。那麼你就可以專心做你擅長的事——做你的工作！——避免陷在行政事務裡。

❷自動化：像是Zervant這一類的服務可以讓你設定定期收費清單給留下來的客戶，你就不必擔心每個月都要重複同樣的行政事務。

❸一開始就要坦白。確保你的付款政策（天數多少之類的）要清楚地寫下來，可以的話，要求在開始工作之前預付百分之五十的金額。講清楚工作規範，有任何額

外的工作必須要另外開立收費清單。另外有時候事先詢問對方的支付系統／流程比較好，請他們告知你一下。

❹ 別害怕要求更多：你可以提出任何要求！答案從來不是針對個人，只是要實際。確保你能隨著發展調升費率。你或許不是在傳統的公司工作，但是你應該評量自己，給自己升遷和加薪！（在第十章你會看到更多關於金錢的訣竅）

訪談莉茲．潘尼（Lizzie Penny），霍斯比聯合組織（The Hoxby Collective）的執行長暨創辦人

莉茲．潘尼成立了一家線上外包仲介公司，名叫霍斯比聯合組織，她說霍斯比聯合組織是「一個全球自由工作者的社群」，讓大家可以跟令人興奮的有薪案子配對合作。我想讓大家更了解這種新興仲介，能幫助大家用新方法促進自己的工作生活。身為複合式工作者並不表示獨自一人或是隻身工作，那只是代表你有彈性能選擇自己的時間表。

莉茲說，「霍斯比聯合組織是一個線上仲介，利用科技讓大家能夠彈性靈活工作，不論何時、不論何地。我是個絕對擁護者，支持每個人擁有自己的工作型態，我認為有才華和雄心的人不應該為了工作而妥協自己的家庭生活或嗜好。」

艾瑪：簡單講，妳開始成立線上外包仲介霍斯比聯合組織的原因是什麼？這家公司又是怎麼樣的呢？

莉茲：因為我想創造一個更快樂、更充實的社會，我們認為只有透過從根本上重新思考工作的實踐方法才能達到。於是我們聚集了一群志同道合的人，他們想要建立自己的工作型態，隨著口碑，我們發現我們成長得比想像中更快速，也更加全球化（目前我們在全球三十個國家有業務）。我們更像是渾然天成的多樣職責外包——當然了，結果發現每個行業、每個層級都有人想要彈性工作！我們在做的事情基本上是發展演變出來的。

艾瑪：妳覺得為什麼我們需要討論如何在未來的職場上不會過時呢？

莉茲：科技推動了無數的改變，在我們的私人生活和工作上都是。科技帶來的影響很深遠，是我們無法清楚預見的，但我們應該努力跟上短期變化，了解如何善用這些變化，不管是對個人，或是對身為一份子的組織和社群來說。任何人若是不這麼做，就有可能錯失用最適合的方式來生活和工作的機會，因為發展帶來機會，讓你能夠用你想要的方式，真正去做你愛的事，在生活中各方面創造彈性。我們也需要創造像霍斯比聯合組織這樣的「原型」組織，用來說明這適合個人也適合社群整體。這是一種很棒的工作方式，能鼓舞他人，讓他們知道自己也能做到。

艾瑪：妳覺得為什麼大家對於彈性工作的想法還是批評居多？

莉茲：

我發現替朝九晚五（或者更常是朝八晚八）辯護的人數真的多到令人震驚，這個觀念已經超過兩百年了，這麼多的事情已經改變，有這麼多的創新和進步，但是我們工作的方式基本上卻完全沒有改變過。最讓我感到挫折的是，假性出席的文化依然如此普遍。

有四分之三的人認為假性出席（坐在辦公桌前讓人看到，不管有沒有在工作）在他們的工作環境中很常見，但是在同樣一份調查中，有百分之八十八的彈性工作者認為他們工作起來更有效率。所以比較合理的做法是企業與一般人都應該彈性工作，然而這卻仍然遭到貶低。一些笑話像是「宅在家偷懶」或是一些帶有負面含義的詞彙像是「打工仔」深植於文化中，需要時間才能消除。我們必須將這些東西消除掉，才能進展到有未來的工作方式。

我身為擁有超過四百位夥伴組織的執行長，每週工作三天。我工作的時間少於兼職，而且我的工作日每週都在變，但是這無損於我把工作做好。大家通常會對改變感到不自在，但是總有一天，我們希望評斷的基準是根據產量，而不是大家在某個辦公室的某張桌子前待了多久的時間。菁英領導制度其實才是許多領域最佳的工作方式。

艾瑪： 妳如何鼓勵其他人展望未來，去發現新的工作和生活方式？

莉茲： 構思霍斯比聯合組織的時候，我們利用的趨勢是科技在工作領域並未獲得充分應用，沒能創造出更多菁英領導的工作制度。我認為大家可以做兩件最重要的事情，來找到平衡工作與生活的新方法。第一是密切注意周遭發生的事情，不只著眼於目前的生活，而是看看世上更廣泛的變化；第二是定期反思自己的生活、幸福與成就，問問自己這是不是正確的平衡，能否做點改變，讓事情更好。當然還有第三點，那就是要有信心來為了目標而做出改變，這往往是最困難的一步。

艾瑪： 妳是否覺得不太公平，似乎只有千禧世代被稱為「副業者」，只有他們在創業文化中茁壯成長？

莉茲：沒錯，我認為這完全不正確。霍斯比聯合組織是一個創業者的社群，有來自全球各地的人，各行各業、各種年紀。團體中的每一個人都替自己工作，為了這麼做，每個人都克服了自己的挑戰，他們用最適合的方式做自己所愛的事。這個鼓舞人心的社群教了我一件事，那就是永遠不要低估出色的獨特個體，隱藏在像我們這樣強大而團結的社群後面——也不要用任何方式把千禧世代概括而論。開始看看周遭，你會發現四處都有自我激勵的創業家。

艾瑪：這種線上仲介是否能讓大家擁有複合式工作者的生活型態？

莉茲：在霍斯比聯合組織，我們有令人讚嘆的各種複合式工作者，我甚至會說很難找到一個霍斯比人只做一件事情的！我們有一位教師／室內裝潢／活動策劃／美睫業主／數位專案經理／團隊策劃經理，還有一位兒童烹飪廚具組創業家／行銷客戶總監等等。我們認為在職涯上廣泛發展，能在彼此身上培養出不同的思考方式和新想法，尤其這表示你可以真正喜愛你所做的事。

摘要

每當你感覺需要動力實現某些新想法的時候，就來參考這個十大要領，像是該用哪個線上平台作為出發點、如何培養受眾、你的線上品牌有多重要、你為何該這樣做。複合式工作法就是關於重新改造你自己、你的工作量，並且保持敏銳，但是重點是要記住你為何這麼做、確定你已經擁有的基礎，以及每一次該如何重複你的成功。像莉茲這樣的公司令人興奮，能夠幫助複合式工作者持續與工作連結起來，創造出一個更大的網絡和系統，讓我們都能以最適合的方式善用自己各式各樣的優勢技能。

8

Chapter

四個 F：

失敗（Failure）、

女權主義（Feminism）、

彈性工作（Flexible Working）、

感受（Feelings）

要寫一本關於工作和個人成功的書，不能沒有關於失敗的章節。我個人認為商業書籍都有點沉迷於失敗，薩繆爾・貝克特（Samuel Beckett）的名言像是「更失敗、更精彩」在新創辦公室處處可見，失敗似乎無時不受讚頌。失敗可以是你人生路上學到的重要課題，但是失敗並不有趣，**一點也不**。撰寫這一章的時候，我意識到有四個主題不斷反覆出現，這些主題是：完全搞砸、信心差距、要求彈性時間的挑戰，還有情緒如何影響我們的工作和工作決策。我把這些分成四個F：失敗（Failure）、女權主義（Feminism）、彈性工作（Flexible Working）、感受（Feelings）。這不是一本只為女性而寫的書，不過談到信心，很難不去考慮信心導向似乎在我們的工作文化中根深柢固，而這通常是男性占優勢。父權社會影響了男性及女性，男性在職場上的挫折也是女權議題，陪產假對男性來說很重要，然而許多職場仍然不把那視為應該大方給予的休假。由男性心理健康慈善組織「反對悲慘生活運動」（The Campaign Against Living Miserably，CALM）與英國版《赫芬頓郵報》所做的研究指出，有百分之八十七的男性希望能夠花更多的時間陪伴孩子。「稱兄道弟」的文化對男女都有害，職場平等對我們大家來說才是雙贏。

不論我們的工作是什麼，在過程中總會面臨失敗和挫折。對於複合式工作者來說也一樣，儘管我很想著墨高潮就好，卻也不得不寫點低潮。也許你讀這本書是因為覺得自己在職涯和決策上找不到支持，也許你加入了很多臉書私人社團卻不敢發文，因為社群感覺起來有點嚇人。也許你覺得沒辦法詢問父母的意見，因為他們對於工作和成功的看法與你不同，也許你在職涯晚期有了重大轉變，正擔心著未來。工作（還有一般生活）上的挫折和障礙並不屬於特定某個產業，覺得自己在原地踏步、拿自己跟旁人比較、覺得沒有充分發揮潛力，這些都是老問題，大家在工作生涯中一直奮鬥著。工作的不安全感影響著我們所有的人，無論背景、年齡或不同職涯路徑。每一個人都會發生信心危機，尤其是在工作上。

失敗與恐懼

每個工作、專案、升遷或大型任務，都會創造出失敗的恐懼，這當然不會因為你擁有複合式工作的生活型態就神奇地消失。每項工作都會帶來挑戰，我訪問作家暨受歡迎的詩人羅拉·杜克瑞爾（Laura Dockrill）時，她說她時常擔心做多樣不同計劃會讓她永遠也得不到「一滿杯的牛奶」，只會有很多半滿的杯子。作家暨寫手卡洛琳·歐唐納修（Caroline O'Donoghue）說，「我從人家身上得到的感覺是，我有點像是什麼都想抓一點的千禧世代新創者，什麼事情都做一點，但沒有真正好到能做好一件事情。」對於二十一世紀的創意人士來說，這是真實的恐懼。擁有多樣工作感覺起來非常不尋常，但事實上這只不過是產業前進和發展的方式，可是我們還是承受了他人的看法，覺得參與這麼多事情太貪婪、太隨意了。然而，我們現在擁有更多的選擇，這並沒有錯，重點是該如何把這些選擇繫在一起。

到目前為止，我的職涯中有過許多不同的工作職稱，有些讓人印象深刻，有些則讓人抓破頭也想不通。我很快明白了一件事情，那就是工作職稱不再有那麼決定性的作用了——重要的是你做的事情，還有你為何而做。終極目標不是替大組織或是家喻戶曉的公司工作，變得令人欽佩的——或者至少很吸引人的——是展開自己的專案，照著自己的規矩過日子。

世界快速發展，我們也快速改變，不到五年之前，「社群媒體經理」仍被視為新奇刺激的工作——如今只是常態。例如臉書宣稱創造了超過四百五十萬個工作[1]，這些人不是直接替臉書工作，臉書本身的員工是八千人。臉書所說的工作是在企業背後創造出來的，例如：社群媒體行銷人員、開發人員，甚至間接工作像是製造網際網路設備的人。有些人可能會對這些新工作職稱翻白眼，或許這是出於對未知的恐懼，又或許很多人覺得內容的品質因為網際網路而下降了。但是這些新職責很快就融入了傳統的勞動力中，即使我們仍在實驗最好的融合方法是什麼，很快地，我們就會不記得沒有這些職缺以前大家是怎麼做事情的，有點像是電腦取代文書工作那樣。

大家喜歡嘲笑新的工作方法，甚至已經開始出現了「數位遊牧族」（digital nomad）一詞，我們緊抓著過去的事物，因為那讓人比較有安全感。人家可能會對你的職涯選擇嗤之以鼻，沒有關係，只要想想長遠下來你會領先多少就好了。我絕對會把自己的恐懼和失敗經驗記下來當作學習曲線，我任由汙名纏著我許多年，才接受了這種生活型態。當時我已經開始從副業賺到不少錢（蓬勃發展的部落格、透過 Skype 提供諮詢服務、受邀參加全球各地的會議和座談），但是別人對於「成功」和「正經工作」的看法讓我躊躇不前，不敢跳槽按照自己的方式管理這些不同的專案。我依然覺得必須替「正經公司」工作，有個代表某些意義的名牌才行。但我記得參加第一場座談時，人家介紹我、請我談副業，他們不在乎我的全職工作是什麼，因為那不是我出現在那裡的原因。

我記得自己會在紙本行事曆上畫小紅點，代表我覺得是時候離開然後利用那段時間做自己的專案，當時我已經開始在辦公室以外的時間利用副業賺進一樣多的錢。那一年結束時，我在行事曆上畫了三百二十個紅點，到那個時候我才有足夠的勇氣離職。我確實認為我們絕不應該草率做出決定，但是如果有更適合的事情，或者事情其實行得通，也有足夠的保護網，那麼我們應該要讓周遭的人鼓勵我們去嘗試，而不是讓人告訴我們自己不能這樣做。我們應該要覺得自己能夠自由嘗試，因為最糟的情況也不過是回頭做原來的工作而已。

另一種潛藏在我們心裡的失敗恐懼是鋪天蓋地而來的中年危機感，或者是青年危機感。我們會碰到撞牆期，覺得超悲慘，心想事情**真的是這樣嗎？**千禧世代尤其深受青年危機煎熬。女性網站 The Cut 發表了一篇由作家麗莎．米勒（Lisa Miller）所寫的文章切中要害，傳達了許多二十世代與三十世代的心聲，文章名為〈牴觸的雄心壯志〉（The Ambition Collision）：「女性滿懷雄心與樂觀進入職場，接著在三十幾歲的時候，意識到這些反而把她們困住了。」[2]我們深信那些夢想，「兼顧一切」或是「擁有夢想中的工作」，等抵達心中所想的巔峰時，心想就這樣嗎？不論什麼年紀，那種感覺都很可怕，意識到彩虹的彼端並沒有一桶金，就是這樣，生活就會是這樣。麗莎說道：

> 這就好像女性在她們的人生中騰出空間給曇花一現的職涯，但是那些職涯卻差強人意、難以贏得，或是比她們想像中更糟糕。該拿什麼填補空虛？只有更多的ＩＧ照片——假期！——雞尾酒！——然而這完全不足以反映出她們所過的生活。

我對此非常感同身受。你可以擁有所有「看起來」的成功——一份好薪水、很棒的ＩＧ

照片集和一些物品——但是你很快就會明白，這讓人感到出奇地空虛。

第一次告訴人家我在寫一本書叫做《不上班賺更多》的時候，周遭有些人抱持著懷疑的態度。我得到一些回應包括了：「但是零工經濟是壞事啊！」「妳是要教大家如何成為社群媒體意見領袖嗎？」還有「聽起來像是要做更多工作。」工作是我們不想談的主題之一，很難客觀地討論——因為我們太過**深陷其中**了，但正是如此讓我更想要寫一本書，討論其錯綜複雜之處，而不只是寫幾篇文章吸引人家點閱。

人人對於#工作的未來（#FutureOfWork）都有意見，每天都有新的發明出現，每天都有針對數位問題的新「解決方法」，然而我們現有的工作體系卻是為了不同的世紀（維多利亞時代）所發明的。職場的改變一直以來極其緩慢，可是有些人已經改變了，我們感覺被職場給限制住，不確定該如何充分借助網際網路來提升我們的工作生活。這不只是教你如何大受歡迎的一本書，我們大多數人在不知情的狀況下早已涉獵創業。

教育永不止息，我們必須持續學習新技能。談到現代職場，當前的學校體系已經過時，我們應該討論的是隱私、安全、社群媒體禮節規範、網路霸凌、新的就業市場、展開自己事業和心理健康的工具。如果整體而言自僱的比例上升了，那麼我們應該教大家該如何存錢投資，還有該怎麼報稅。我們應該做的是教導年輕人如何保持切題、好奇和充滿興趣，如果我們只是承諾他們會有月亮、星星和彩虹彼端的一桶金，那麼一定會發生青年危機。

女權主義與信心差距

事實證明，成功與信心的關聯就跟能力一樣緊密，難怪女性儘管有這些進展，在最高階層的人數仍然屬於少數。這些都是壞消息。好消息是透過工作可以獲得信心，也就是說，信心差距是可以彌平的。

——卡蒂・凱（Katty Kay）與克萊爾・史普曼（Claire Shipman），〈信心差距〉（The Confidence Gap），《大西洋月刊》[3]

關於職場，最大的話題是大家普偏缺乏信心去追求在工作上真正想要的。世界是個可怕的地方，感覺永遠沒有冒險的好時機，然而這卻是改變的唯一方法（不論是高或低層次的冒險），為了做出改變，你必須採取勇敢的第一步。我在推特上問道：「假設有某項專案或副業，你想做好幾年了，你面對的障礙是什麼？」答案幾乎**清一色全部**關於信心，或者該說是缺乏信心。有人說：「自信低到悲劇的程度、資金少、知識不足（或是沒什麼人可以諮詢），還有時間管理不當。」另一個人說：「自信／冒名頂替症候群。」另外還有：「怕失敗、輕重緩急、自我懷疑。」、「自信心問題，覺得已經有人『做過了』。」、「真正去做的信心，概念通常都很好，但是要去實現卻令人害怕。」、「欠缺該從哪裡著手的知識——就像想潛水卻沒有水！」、「缺乏信心，自我厭惡。」

還有一些其他的原因——金錢跟缺乏精力、時間和資源——但是主要的問題是信心，我對這場信心危機感到非常吃驚。

討論這件事情真的很重要，因為有信心去冒險、把事情掌握在自己手中，將會是未來職場的重要關鍵。正如職涯教練經理關杜琳・派金所說，「雇主或產業將不再是你職涯的中心——你才是。」我們會是自己許多決策的中心，將會有更多人成為顧問和自僱者，航向還沒有被發明出來的未來工作。

工作的領域中還有其他缺乏信心的例子，求職網站 monster.co.uk 與輿觀調查網站 YouGov 共同合作的研究發現，年輕女性勞動者正面臨一股職涯危機，有百分之七十一的人說她們缺乏信心，不敢要求加薪。研究結果突顯出男性比女性擁有更高的資訊科技自信，有百分之四十三的女性描述自己的電腦技能是「還算可以」，相較於男性則只有百分之三十五這麼說[4]。

統計數據就擺在眼前，顯然在職場的女性整體上比男性沒有信心，在不同的文化中也是如此。缺乏信心的幾個原因在於女性進入職場的時間還不長，沒有夠多位居資深職位的女性可以作為榜樣。女性也常常彼此較量競爭，因為歷史上只有少數幾席的位置留給女性參與討論。從我自己在職場的經驗，很遺憾我能夠明顯感受到那種競爭的氛圍，主要來自於同領域中的其他女性，但願事情並非如此。

信心不能買賣，但我們可以採取措施來鼓勵冒險，尤其是在線上嘗試新想法。

我想提醒自己關於信心的六件事

❶ 大部分人更常查看的是他們自己的線上簡介，而不是你的，多數人大部分時間所想、所擔心的都是他們自己，沒有人那麼仔細地在看你。

❷ 信心來自於一次又一次地去做，沒有簡單的捷徑，只有不斷重複和學習。

❸設一個叫做「好事情」的收件匣，把人家給你的讚美信件放在裡面。一旦出現冒名頂替症候群，你就可以去看看這個收件匣，**證明**你知道自己在做什麼。

❹答應讓你感到害怕的事情，並且知道長遠來說，這會讓事情變得更容易。

❺緊張看起來跟感覺起來都跟興奮**很像**，如果你會緊張，試著把這種感覺轉變為興奮，就會有更多信心隨之而來。

❻信心看起來可以是安靜、不明顯而內向的，不一定都要大聲張揚或是穿上一身俐落的套裝。

見不得人的F字：彈性工作

彈性是女權主義的未來，只要一點點彈性就能讓人走得更長遠，畢竟根據英國平等及人權委員會（Equality and Human Rights Commission）的研究估計，每年全英國大約有五萬四千位新手媽媽丟了工作——幾乎是二〇〇五年類似研究中所指出數字的兩倍[5]。該研究也發現，有百分之十的女性遭到老闆拖延她們的產前檢查，讓母嬰的健康都處於危險中。

身為複合式工作者就相當於想要在職涯中擁有彈性，你想從事不同的專案，不管你是否為人父母，你可能想要某個下午休假，讓你可以添加一樣新的複合物，不管是孩子或是你想去海邊畫畫。那你該如何開始去要求呢？

根據 workingfamilies.org（英國最大的工作與生活平衡組織），「任何一位員工（除了持股員工以外）替同一個雇主工作二十六週後，都有權利要求彈性工作，你不一定要是父母或是照顧者。」大家常常刻板認定彈性工作只有母親可能會想要求，但是做父親的也會想要，根據皮尤研究中心（Pew Research Center），有百分之四十八的職業父親說彈性工作時間表對他們來說非常有價值。[6]

我想問問大英帝國勳章得主凱倫．麥提森（Karen Mattison）的想法，她是提倡彈性工作網站 Timewise 的共同創辦人暨執行長。二〇一六年時，她喚起了大家關注彈性僱用的議題——從第一天開始就能彈性工作——發起「照我的方式僱用我」（Hire Me My Way）活動——這項全國性的活動是由樂透基金（Big Lottery Fund）出資贊助，目的在於發展彈性工作市場，替數百萬有技能的彈性勞動者帶來新希望，他們被排除在英國就業市場外。五年前，她在《金融時報》（*Financial Times*）上推出兼職工作影響力名單，點名列出五十位任職資深職位的男性與女性，每週的工作時數少於五天。我想問問她，儘管有充分的證據可以反對，為何大家仍然堅持要替僵化的職場結構辯護。

艾瑪：為什麼大家還是覺得在職涯中要求或是擁有彈性很尷尬呢？

凱倫：彈性工作往往被視為「見不得人」，因為大家認定這對員工有利，但是對企業不利，而我們知道這根本不是真的。彈性工作，尤其是兼職工作，長久以來一直受到負面形象阻礙，尤其是談到資深員工的兼職工作。因為講到頂尖團隊，企業往往要求全心投入，而且他們通常——並非總是如此——認為最好的衡量方式就是某個高階主管在辦公室裡待多少時間，而不是注重表現。

艾瑪：這種工時等於成功的老派比喻似乎一直沒有真正消失。

凱倫：從個人的觀點來看，以為人母的身分在就業市場奮鬥之後，過去十五年的職涯裡我一直投入推動改變，幫助更多的女性彈性工作——兼職職缺、彈性排班模式，或是在家工作。但是我剛展開這段旅程的時候，工作的世界變得全然不同，如今該是退一步再思考的時候了，工作的世界已經改變，大家工作的方式也變了，該是輪到企業迎頭趕上了。

艾瑪：這個觀點很有趣，人的變化很快——我們生活、購物、消費、聚會、吃飯、旅行、約會的方式都在改變——是企業必須去適應新的需求。那麼彈性工作的汙名呢？大家也認為只有做父母的才能彈性工作。

凱倫：我認為著重在讓有孩子的女性「工作行得通」，說來矛盾，這已經不再只是女性該追求的事情。講到彈性工作的議題，長期以來都被視為一種妥協——有機會這麼做的是那些出於某種原因無法以「正常」方式工作的人，但事實上如果我們檢視客觀實際的證據，會發現兩個重點。第一，彈性工作不只對母親有好處，事實證明對企業非常有利——能夠增進員工的生產力，吸引及留住人才，也能降低差旅和物業成本。第二，如果我們能採用廣義的彈性工作——何處、何時和該做多少工作——我們就能看出這種工作模式選擇不只適合有孩子的女性。這種需求超越年齡與性別，廣泛出現在人生的各個階段，背後也有各式各樣的原因。我們需要重新思考，不只邊緣人需要彈性，大多數人都需要。

彈性工作不應該被視為特權——這應該是勞動者的權利。

我也問了來自「數位媽媽群組」（Digital Mums group）的瑞秋・莫斯廷（Rachel Mostyn），還有#工作行得通（#WorkThatWorks）創辦者群的想法，為什麼大家不太願意接受彈性工作對人人都有好處：

我認為害怕改變是人類的天性，這我懂，我們是彈性工作企業的極端例子，團隊中百分之百都是遠端彈性工作。但是我們了解你不能在一夜之間就全部變成彈性工作，所以我們建議企業可以先小心試試水溫，看看他們該如何引進彈性工作政策，才能對他們跟員工都有利，例如讓某個團隊嘗試一週的彈性工時，或是讓另一個團隊在不同的地點工作。如果你去衡量產出成效，跟假性出席（出現在工作地點的時間比要求的時間還長）比起來，我有把握你會注意到沒有差異，事實上甚至還能見到生產力大幅提升。此外，我認為有太多的企業仍然相信，能看到員工坐在桌子前就表示他們一定在工作，我對這點的答案一直都是——如果你看不到員工就不能相信他們會工作，那麼你的問題可比彈性工作大多了！

我們個人對於成功和彈性的定義並不是什麼「不見得人」的想法。

在一篇《Campaign》雜誌上的文章裡，克莉絲提．勒米厄（Christina Lemieux，李奧貝納廣告公司全球策劃總監）寫道：「傳統上『兼職人員』一詞是負面的，用來批評某人沒有全心全意投入他們的工作。身為一名盡心盡力的兼職勞動者（以及英國五十大影響力兼職工作者），我認為該是時候擺脫那樣的觀念了，我們應該認清支持兼職與彈性工作不只是產業的重要議題，同時也是向前邁進的方式。」[7]確實兼職工作總會遭人嗤之以鼻，就算那表示你的工作量完全一樣，只不過橫跨多樣專業而已。

隱晦的評論可能會造成破壞，也準確指出了根深柢固的舊式思維方式。作家賽麗納·包曼（Sirena Bergman）在一連串的推文中說道：「我討厭人家漫不經心地問說『噢妳今天要工作嗎？』好像自僱者＝學生之類的／妳今天有做事嗎？還是妳早上都在逛八卦新聞網站BuzzFeed，然後去酒吧吃了兩個小時的午餐？」雙方都充滿了許多刻板印象，你要不是個穿睡衣的自由接案工作者，就是在辦公室裡傳統地工作，中間值在哪兒？哪裡才有空間能夠討論工作世界中所有的起伏細微之處？

男性雜誌《GQ》上有篇由強納森·海夫（Jonathan Heaf）所寫的文章，以一種應該可說是嘲弄的語氣提到複合式工作的觀念：「上一次去洛杉磯的時候，人家介紹了一個自由接案的干擾訊號設計師（noise architect）／營養策略師／沙子藝術家給我。據我所知，這些都不是真正的工作——也絕對不應該是。」[8]

每次在某些公司舉辦有關複合式工作職涯或是工作未來的活動，總會有些人在最後來找我，看起來有點氣餒。問題總是有關他們所經歷的挫折：父母不支持他們的決定、如何平衡全職工作與副業、擔心錢的問題，還有需要人家安慰說這是個好主意。有意思的是，有時候我幾乎什麼也沒說，只是傾聽他們絮絮說著想法、計劃、資源……有時候他們是在推銷自己的點子，不是在尋求建議，他們要的是能消除疑慮的安慰或是點頭認可。這樣的觀察很有趣，不過這也顯示了信心差距——在任何一項專案構思之始，我們需要更多的對話、資源再加上提升信心。我們大多數人都需要這樣的安慰，因為這類工作仍然與現況衝突，也許不像電影《修女也瘋狂2》（*Sister Act II*）裡面的瑞塔（Rita）逃離母親去參加音樂比賽那麼激烈，不過彈性工作或是自訂職涯的汙名，確實深植於傳統的工作文化中。

我問在薩里（Surrey）的三十二歲公關顧問薇琪（Vicki）什麼能夠激勵她，她說：「我知道需要他人認可有點可悲，但不只是我老闆說我做得很好，還有我的朋友、家人，都說他們替我感到驕傲，或是很欣賞我做的超棒專案。」這一點也不可悲，這是人類的天性，想要讓父母替我們感到驕傲，告訴我們自己做的很棒。但這該是讓人退縮不去追求許多不同專案的理由嗎？尤其職場早已截然不同於父母在我們這個年紀時的樣子了。

另一個關於彈性工作的錯誤觀念，是過份理想化的「當自己的老闆！！」但事實根本不是聽起來那樣，你永遠不可能完全當自己的老闆，尤其如果你想過著複合式工作者的生活。沒錯，你可以安排自己的時間表，你可以決定你想要接哪些專案，沒錯，基本上你是你自己的老闆，因為你在排定行程上有更多的自由和自主。然而你還是有老闆啊！還是有好老闆跟壞老闆！擁有客戶就表示，以長期或短期專案來說，老闆仍然是你生活的一部分，那是工作的本質。重要的是我們要停止理想化#當自己的老闆（#BeYourOwnBoss）的口號，錯把工作解讀為經常要做你不想做的事情、跟你未必想要共事的人一起合作。

複合式工作法提供了緩解，讓人從傳統、造作的辦公室生活中得到喘息，但是別把這跟你在ＩＧ上一直看到的＃目標（#goals）標語搞混了。我們的社會有種傾向，會拿某樣事物拍張美美的陶醉照片，然後把那變成是一種烏托邦式的幻想。自由接案工作的夢想絕非美夢，但是擁有無數不同的職涯，由你來融合執行，我想是目前工作生活平衡最好的選擇之一。「辦公桌美圖」是真的，ＩＧ上的「工作室美圖」正在增加，與其把「當自己的老闆」理想化，我認為要安排自己的生態系統，讓你能夠擁有最大的彈性並且自己做決定。

你可以做到的。

安娜・懷特豪斯（Anna Whitehouse）問答集，＃呼籲彈性（#FLEXAPPEAL）運動創辦人

我希望你現在已經明白，身為複合式工作者很大一部分重點就是彈性，能夠把一整週的工作分成許多不同部分，由那許多部分組成一份薪水。我跟安娜・懷特豪斯聊過，她是一位寫手／部落客／播客主／活動倡導者／作家／育兒媒體中心 Mother Pukka 創辦人——我問

了她的#呼籲彈性（#FlexAppeal）活動。她認為大家應該在生活中擁有彈性，才能在私人及專業領域上充分發揮潛力。

艾瑪：談到職場，最讓妳失望的是什麼？有什麼必須改變？

安娜：在我發現老闆不關心我們在做什麼，只在乎我們人坐在哪裡的時候，我在心態上就辭職了。顯然身為雇主你該注重的是產量，而不是光想著要斥責某人早上九點零二分才進辦公室。

艾瑪：#呼籲彈性的運動中，妳所面臨的最大挑戰是什麼？

安娜：

大家認為這不會影響到他們，認為這個議題是「當媽媽的想要更常看到她牙牙學語吃穀片的小孩」。彈性工作適合每個人，我們不再是只追求物質的世代（假期、優渥的薪水、福利），我們也追求生活。我們尋求工作與生活的平衡，了解這一點的公司就能吸引人才。

艾瑪：

另外妳會對那些愛唱反調的人說什麼呢？那些人說彈性工作不好，因為那表示要全天候在任何一個地方用手機工作。

安娜：

這取決於掌控，要掌握如何工作、在哪裡工作你才能充分發揮。每個人的做法都不同，有些人無法在這樣的環境中茁壯成長，也有些人無法在古老的朝九晚五體系中有發展。我已經不在工作時假裝自己不是媽媽，也不再假裝我在家裡沒有在工作，我更快樂也更健康了，把這兩件事情結合起來，我更能投入工作。我在懷孕的時候，用兩個月寫了一本《星期日泰晤士報》（*Sunday Times*）的暢銷書。我不想當個討打賞的猴子，不過我想成為活生生的例子，向我以前的雇主證明，只要有一點彈性就能實現這些。

艾瑪：妳認為職場會往什麼方向走？

安娜：在這個數位當道的世界裡，必須走向更有彈性。週末休息兩天是伊恩．麥克連爵士（Sir Ian McKellen）的高祖父在一八〇〇年代所倡導的，對我們所有人來說都可以做到，這只不過是時代的問題。

感受與工作情緒

凱薩（Julius Caesar）據聞曾經在亞歷山大大帝（Alexander the Great）的雕像腳下哭泣，

「你不認為這很令人悲傷嗎？亞歷山大在我這個年紀的時候，就已經是這麼多人的君王，而我卻還沒有達到任何輝煌的成就。」[9]

就連凱薩也會拿自己來比較，大家總會把自己跟別人相比，但是在有網際網路之前，至少我們不會全天候收到其他人的每個念頭或是人生#目標，如今我們卻不斷受到他人完美生活的影響。影像的猛烈襲擊讓我們更難對自己所擁有的東西感到快樂，我們該如何確保照顧好自己的心理健康，不要一直拿自己去比較呢？

我的朋友露西．薛若登是英國有史以來第一位比較教練，她指導並訓練個人和企業，教大家如何過著不去比較的生活，或者至少學會降低你內在的批評聲音，也停止當個那麼愛管閒事的鄰居。我最欣賞她的一句話是，「不要成為向他人敬仰的模仿對象」。她還描述ＩＧ上那些令我們嫉妒的歌舞昇平影像，就好像是「充滿比較的拉斯維加斯」，講得真好——網際網路確實充滿光芒、進展和吵雜的音樂，地球上的其他人都過得比你好。

我的理論是這樣：如果你擁有自己的道路、自己的安排、自己的複合物，你就比較難去跟別人比較。當你的道路和職涯路徑與別人如此不同的時候，想比較就很困難，沒有單一的成功觀念或是人人適用的路徑，就沒有辦法比較。把他人視為啟發而非直接比較的對象，讓你自己受到別人的鼓舞，從他人身上學習。

替自己工作或是從事自己的專案，有時是種孤單的經驗，可能會讓人感到震驚，如果你一直習慣在喧囂的空間裡被吵雜的同事包圍著。正如作家史蒂文．海頓（Steven Heighton）所說：「如今社群媒體提供了內向人士一種有害的妥協方式：你可以單獨在你的房間裡，同時與他人建立關係，或多或少算是照著你的方式吧。單獨一人，卻不孤獨。」[10]

這是一個嚴肅的討論，考慮到Z世代也許認為要是什麼事情都能在筆電上處理，他們很容易就不出門了。美國心理學家珍．圖溫吉（Jean Twenge）在《大西洋月刊》上的一篇文章說：「社交網站像是臉書，承諾要讓我們跟朋友連在一起，但是從數據中浮現的「i世代」（iGen）青少年形象卻是孤單、混亂的一代。」[11]這是真的，我們不該受騙，我們應該確保自己能擁有真正的連結、真正的關係。

敞開你的工作生活讓它更加靈活，在各處增加一點彈性是一回事，但並不表示要完全背棄工作傳統的一面。彈性是關於朋友、自我照顧、家庭生活，有足夠的休息時間避免過勞，偶爾有個下午能休假，或是分擔工作好讓你有時間從事副業，又或者只是能夠準時出現在學校大門口接小孩。這些全都是正面的事情，能夠顯著改變生活型態。然而這全與平衡有關。《哈佛商業評論》（*Harvard Business Review*）上有篇文章說：「職場上的新工作模式——例如遠端辦公和某些『零工經濟』契約——創造了彈性，但是往往減少了面對面互動和建立關係的機會。」[12]我想強調在現實生活中面對面接觸的重要性，身為複合式工作者最大的錯誤觀念之一，就是以為如果你的複合物集中在數位領域的話，便要把所有的時間都用在線上，或是變得獨自一人。但是有彈性並不表示把全部的時間都用在自己身上，也不是與對話隔離，保持連結很重要，別因為沒有全天候置身辦公室就讓自己處於劣勢。

我發現社群媒體是結識志同道合者最好的管道——你可以跟這些人在現實生活中去喝杯咖啡！蜜雪兒・肯尼迪（Michelle Kennedy）推出了應用程式 Peanut 給想要建立關係的媽媽們使用，可以在家中哺乳的時候傳訊息給別人，或是約人當面聊聊。推特、臉書私人群組和IG，都讓我方便跟他人會面（我的工作是採訪別人，這也有幫助），重要的是別讓「遠端工作」變成「太多獨處時間」。科技讓我們能在線上賺錢，但是我們仍然需要面對面互動的機會來認識新朋友。Automattic 是部落格軟體領導品牌 WordPress 背後的公司，他們是率先採用百分之百遠端勞動力的公司之一，他們甚至沒有現實生活中的辦公室，員工保持聯繫全透過他們自己的線上留言板。這麼做有好處，但是也會有點孤單，又或者整體來說獨自一人太久之後，感覺會有點奇怪。

自由撰稿人摩根・賈金斯（Morgan Jerkins）在推特上寫道：「週一到週五，要是我沒出門跟其他人一起吃飯，我可能只會跟外送的人或是健身教練講一、兩句話。我發現這一點是在開始線上教學的時候，我的下巴開始覺得有點痛，我心想『哇，我上一次實際說話是什麼時候？』」我很感激有像摩根這樣的人，願意在推特上分享她誠實的經驗，大家全都努力想讓事情保持平衡，而這些人能夠幫助我們學習和成長。畢竟現在對於很多人來說，網際網路就是我們的辦公室，偶爾踏出去也很重要。

如何在傳統辦公空間以外的地方社交

- 首先預定早餐聚會，你就可以在現實生活中與人聚會、展開一天。
- 加入每個月聚會的讀書俱樂部，你可以在定期、愉快、安全的空間中認識新的人。
- 訂閱參加 Eventbrite，可以根據你有興趣的主題，開啟通知提醒你當地的活動或是社交機會。
- 每週安排一個時段用來跟人見面，你可以一次見完所有人。盡量不要在一天內分散時段與人見面喝咖啡，這會導致你分心，讓你無法專注投入你的專案。記住，與人碰見的交通很耗時間，試著好好利用這些通勤時間。
- 與其他複合式工作者安排一起在工作後喝一杯（還有聖誕派對也一樣）。

沒有哪種工作或工作生活是完美的，認定人人都有完美的解決方式就太天真了。任何一種生活型態都需要維護、激勵，並且不斷地克服各種障礙。我們的職涯都有起落，但是整體而言，自由與自主的好處絕對勝過壞處。

9
Chapter

真實與膚淺的交情

你必須建立起自己的網絡，與人交友為伍，左派、右派、中立……需要跟人喝很多杯的茶——沒有捷徑。我建立網絡是因為希望未來有一天需要他們的時候，可以請求他們的支持。

——瑪莎．萊恩．福克斯（Martha Lane Fox），《每日電訊報》，二〇一四年

創造自己職涯很重要的一點是要懂得如何社交，以適合你的方式建立關係，尤其如果你是複合式工作者的話。並非人人都能自在高歌，愉快地參與每個社交活動，事實上我不曉得有誰喜歡戴著名牌跟人講話，手上還端著一杯有點溫的葡萄酒。那樣很容易會讓人立刻沉默不語，在這麼牽強的場景裡，你很難做自己。

然而不可否認建立人脈很重要，與新的人建立良好關係、在線上有能見度，才表示你有機會被看見，能受到僱用或委託的機會也會增加。把面孔和電子郵件連在一起，親自與人會面非常重要，定期與許多新的人會面也很重要，要走出同樣的圈子。這就好比機率理論，你拿到那份工作／專案／交易的機率有多少？可能性在於你有多願意讓自己站出去，讓自己置身某個空間中，與他人打成一片、建立關係。你所遇到的人和建立的關係愈多，就愈能增加與這些人合作的可能性，這是一場數字遊戲。我不相信某些人天生比較擅長建立人脈或社

交，我只覺得有些人比較享受這個過程。

不論喜不喜歡自己的工作，我們的工作和職涯都已經成為我們身分很大的一部分。這是人家首先會問的事情之一，用來了解你是誰，儘管要想真正了解某人的話，這通常不是最好的問題。有幾個更好的重點問題可以用來認識人，下列這些問題每一個都能讓人提到他們的正職、副業，或者只是單純聊聊他們平常喜歡做些什麼，不必直接詢問他們「你的工作是什麼？」這些都是我在推特上透過群眾外包問來的。

別問「那麼，你是做什麼的？」，改問：

- 你現在對什麼特別感興趣？
- 你最近在忙些什麼？
- 你平常喜歡做什麼？
- 我要怎麼樣才能看到你的作品？
- 你為了什麼來參加這個活動？
- 你最近對什麼特別著迷？

．你最近做了什麼讓你自豪的事情？
．你對什麼事情有熱情？
．你做些什麼娛樂當消遣？

重點不是你認識誰，而是誰認識你

目標是要讓人家認識你、知道有你這個人和你的工作，不是要你練習「在網際網路上出名」（這絕對不是答案），而是有愈多人知道你（或者你的公司）在做什麼愈好。重要的是獲得一小部分的人認可，知道你能把某件事情做得很好，然後這些人可能會去跟其他人講到你和你的工作。就跟在某個小鎮上開一家當地小店一模一樣，在那裡人人都認識你，你會希望大家知道你門上的招牌，希望他們告訴朋友來光顧你的店或是你的生意。就是要把這種小鎮的信賴方式應用到網際網路上。

在線上建立關係的訣竅

- 從前大家會用小本子記下所有的聯絡人，如今我們有這麼多不同的工具，像是谷歌試算表（Google Sheets），可以清楚記錄你見過的人名和公司。推特列表適合用來記錄不同類別的有用聯絡人。
- 見過面之後要盡快採取後續行動，打鐵要趁熱。
- 盡量不要灑麵包屑鋪路徑（利用斷斷續續聯絡來引導他人——用簡訊或社群媒體——讓他們等在一旁）。不管你有沒有時間見面，都請坦白說清楚，雙方對時間表都坦誠以對，事情會比較容易，別浪費時間來回聯絡。
- 別表現得太親暱——你們還不算是好朋友。
- 定期追蹤新人。要找新的人來追蹤，看看哪些是可能對你的工作或公司有興趣的人。你可以觀察你喜歡的相似公司／人，看看有哪些人追蹤他們。
- 保持心胸開放，嘗試新的應用程式（商業應用程式像是Bumble Bizz，就是針對領英而推出的競爭對手），但要是不適合你也別勉強，如果適合就太棒了！嘗試並找到最適合你的平台。

- 擁有良好而強大的人脈網絡與數字無關，有很多追蹤者未必表示你有更大的人脈網。投入時間去培養微型社群——私人群組、電子郵件往返，或者是定期聚會喝杯飲料。
- 只在事情與雙方都真正有關聯的時候才聯絡人家。建立人脈與聯繫的目標是讓大家的生活更輕鬆，提出對雙方都有利的建議，你做的每件事情都要有目標。
- 不要養成習慣直接去要求你幾乎不認識的人幫忙，努力讓人家值得幫你一把。
- 介紹你網絡中的其他人互相連結，不抱持目的去做這件事情，但那兩個人會記得是你讓他們建立起關係（也可以在現實生活中這麼做！）。

你為何必須離線去認識人？

> 我告訴你，你看著手機上那個神奇小窗口的時間愈長，你就愈偏離你是誰。
>
> ——海瑟·哈瑞斯基（Heather Havrilesky）在女性網站 The Cut 上的〈萬事問波莉〉（Ask Polly）專欄

線上人脈能替你帶來許多機會、聯繫和工作邀請，當然了，有時候一封珍寶般的電子郵件會落入你的收件匣，你的名字可能會因為這樣經常出現在螢幕上。有時候你確實會在推特上得到某個神奇的「追蹤」，進而獲得大量工作。但是整體而言，推特、IG和領英也充滿了雜音、垃圾訊息和無用的連結。值得注意的是，儘管這些管道確實增加了你的機會，但是談到與人建立穩固、長期的關係，這並不是一切。真正的連結需要花時間長期投資，而不是抱持著什麼大目標，累積你的「數字」沒有什麼不妥之處，但是不能只是坐在你的臥房裡按讚、留言、追蹤別人而已，這不是長久的職涯策略。在螢幕後的「連結」永遠不會像在現實生活中那樣強而有力，為了真正建立關係，你必須走出去，在現實世界中與人面對面交流。

我決定要打破的最大錯誤觀念之一，就是大家認為他們必須坐在筆記型電腦前面，利用重複功能的程式、應用程式和按鍵在推特列表上「建立人脈」。這在許多層面都是錯的，主要的錯誤是認為這樣就能建立有效的連結，只要按「讚」或是貼幾則留言——但是這麼做絕對不夠。任何一個公關宣傳都知道，第一守則就是要把面孔跟名字連在一起——或者至少也要建立真實的關係，推銷真正能夠吸引接受者的東西。你根本不算認識的人，沒頭沒腦寄來一封電子郵件就想請人幫大忙，這些人似乎不明白這麼做為何永遠不會奏效。我們時間已經這麼少了，更不可能會幫忙陌生人，因為良好的工作建立在信任之上，我們總會接受自己信賴、與自己有真正關係的人，更勝過我們不太熟的人。這一章提供了實用的建議，教你如何建立有意義、能提升生活與工作的關係，我認為建立人脈並不存在速效的方法。

在現實生活中建立人脈的規矩

你應該——

- 人要**好一點**。這常被低估，我們認為表現冷淡就表示人家會以為我們強大又神祕，但其實那只會讓人倒胃口，而打退堂鼓不來找我們。
- 正如凱特琳·莫倫所說，「只要下定決心發光，持續而穩定地，像是角落裡一盞溫暖的檯燈，大家就會想靠近你，因為那能讓他們感到快樂。」[1]會吸引大家的是那些讓人愉悅而非感到畏懼的人。
- 熟記你的電梯簡報，總結你所做的事情，別太冗長但也別太短，不過盡量不要聽起來像是排練過的，要真誠。
- 問別人問題時要真正去傾聽他們的回答，眼睛不要掃視四周找其他人。正如《做個有梗的人》（*How to Be Interesting*）一書的作者潔西卡·哈吉（Jessica Hagy）所說的，「如果你讓其他人敞開心胸談自己，你就會令人印象深刻。」[2]

・籌辦你自己的活動，不但可以遇見新的人，還會讓你覺得更能夠掌控當晚的計劃。

・帶個樂於當跟班的朋友一起出席，讓他／她做你的人脈幕僚，以協助作為回報。

・攜帶簡單明瞭的名片，雖然大家認為名片已死，但其實並沒有，還是有人在用。即使只是一張印著電子郵件的小卡片，還是比翻找推特或筆記容易多了。我喜歡回家後瀏覽口袋中收集的所有名片（我的編輯說她拿過一張名片，上面印著那人小時候騎馬的照片，看起來一臉壞脾氣的樣子。這有效，因為她到現在還記得！）

・跟隨你的直覺，我們每個人都會有意識或是潛意識地解讀、接受他人的能量，要是你跟某個人合不來也沒關係。

你不該——

・別把談話拖到超過所需的時間，不論你們聊得很好或是根本談不來，要隨意四處走動。如果你需要有禮貌地退出談話，你可以把對方介紹給其他人然後告退，也可以要張名片或是聯絡方式，自然就會結束談話。或者去拿杯飲料或食物！

・要注意別喝得太醉。

· 如果你不打算這麼做，就不要說你會寄電子郵件給某人或是會保持聯絡，不過還是可以拿張名片。

· 不要直接推銷自己，即使你很想這麼做也不行。

事情並不總是關於你

社群媒體的本質意味著我們能夠自由對他人廣播自己的生活，我們比從前更常談論自己。成為迷你媒體公司的一部分就是要有個人線上策略，並且要掌握你的社群媒體禮儀。然而要想真正建立關係，我們不能老是嚷嚷自己的事情。凡妮莎・范・愛德華茲（Vanessa Van Edwards）說，在社交場合有許多不同類型的人，其中一種她稱為「對話自戀者」——這些人霸占著對話，而且全都在講自己。我敢肯定你認識某個符合這種類型的人，根本不讓人插話。嗯，在線上也不要變成這種人。

為何你應該停止「厭惡追蹤」？

與某個人建立關係跟遠在線上追蹤，兩者顯然是有差別的。厭惡追蹤（hate-following）在這個年代是一個非常容易落入的陷阱，這是指你追蹤了某些令你厭惡的東西（ＩＧ帳號、網站、推特摘要、部落格），明明這些內容會讓你憤怒發火，你卻不肯取消追蹤。我們會說服自己，說那是建立線上人脈，但其實卻是厭惡追蹤。有時候我們可能沒有意識到那確實是厭惡追蹤，或許你會辯解，說這種追蹤很有趣或是具有某種教育意義，又或者為了工作目的你必須追蹤，但是你該怎麼分辨那是否真的對你有害？

某些厭惡追蹤在短期之內無害，不過隨著時間會滲透進你心裡，讓你覺得缺乏動力、創造力下降。該是時候掌控我們的線上環境了，就像我們掌握自己的線下環境那樣，我不會踏進一家外面有人揮舞刀子的酒吧，那麼我又為什麼要去逛某個充滿可怕影像的仇恨論壇呢？每一次我們打開筆記型電腦，或者是每天早晨首先打開 iPhone 的螢幕鎖，就等於繫上安全帶展開未知的旅程。我們不知道自己會看到什麼，一無所知。不過照顧自己的心理健康、讓自己感覺在掌控之中的最佳方式，就是確保我們的資訊來源經過一定程度的策劃，確保我們有意地追蹤每個人，並且都有正當的理由。我們應該進行數位清理，知道你追蹤了誰、為何而追蹤，或許你的追蹤混合了朋友、可靠的消息來源和挑戰你想法的人。試著掌控你所看到的東西，但要意識到你是否把時間浪費在線上那些沒有啟發性的東西，或者你是否帶有建立關係的目的。停止厭惡追蹤。厭惡追蹤是一種線上傳染病。

密切注意自己使用社群媒體過後的感覺，以一到十評估自己的情緒。如果你想改善自己的情緒，想一想你所追蹤的帳號，哪些可能是你偷偷厭惡的，看看你的情緒是否隨著時間有所改善，用你追蹤跟取消追蹤的對象來實驗。

如何知道某人是否算厭惡追蹤？

- 你發現自己去看他們網頁的時候，都是你想發洩負面情緒時候。
- 看到他們的照片會讓你翻白眼或是感到氣餒，但是你還是會滑個不停。
- 在現實生活中你會積極避開他們。
- 那變成一種不自覺就會去查看的心病。

走出你的同溫層

另一個在現實生活中連結很重要的原因是，那可以在沒有演算法幫助的情況下產生互動。在建立人脈的社交活動中，我們可以隨機認識他人。隨機偶遇在網際網路上已經愈來愈難了，因為任何一種在IG或社交應用程式上的「發現」標籤頁面，都是根據我們先前的按讚或追蹤專門提供的。主辦評選最佳網站的Webby獎總裁克萊兒・葛瑞夫（Claire Graves）說得好，「科技改變了大家與彼此互動的方式，有些機緣就在過程中消失了。」[3] 這不是什麼讓人感到出乎意料的事情，不過仍然相當切題，我們也沒有工具能夠輕鬆地對抗此事。我們搜尋或點擊的每一個東西都並非全然隨機，我的搜尋網頁看起來會跟你的不一樣，即使我們搜尋一模一樣的東西也是如此。

二〇〇六年時，伊萊・帕理澤（Eli Pariser）有場很棒的TED演講叫做「當心網路『同溫層』（Filter bubbles）」，內容是關於每個人的谷歌網頁看起來都不一樣，因為那是根據我們每一次個別的搜尋提供給我們的。這表示我們的所見所聞並非我們所想的那麼自然，我們的搜尋引擎和摘要充滿廣告和付費貼文，還有一大堆幕後公式，用來找出他們認為我們想看的東西。但是跳脫我們的同溫層很重要，那樣才能得到新的刺激。這些同溫層也會阻礙我們建立人脈，讓人有繞著圈子轉的危險，或總是跟同一群人打交道。由於這個原因，我們必須離線去認識人，離開直接能找到的線上圈子，擴大我們的視野。重點是我們要走出線上的同溫層，這樣才能吸引到一些工作機會，增加我們的複合式工作來源。待在同溫層裡就表示等你真的離開某份工作或是想要另行發展的時候，你在辦公空間以外卻幾乎沒有任何聯絡人。複合式工作者的工作流程取決於紮實的人脈網和可靠的關係。

六種讓人擺脫同溫層的方法

❶試著平衡你的新聞，追蹤一些不同的管道，即使有些未必能反映出你所抱持的觀點。例如 AllSides.com 就藉由橫跨各種新聞管道，帶來中立的觀點。

❷追蹤一系列包括概要文章的電子報，你可以讀讀其他人找到了什麼。

❸像是 StumbleUpon 這樣的網站可以讓你，嗯，很奇妙地「撞見」（stubmle upon，即該網站名稱）不同的文章，來點靈感。

❹注意演算法可能會掩蓋掉你最喜歡的社群媒體簡介，請自行製作清單檢查。

❺跟來自不同產業的朋友去參加活動。有朋友做的工作跟你完全不一樣嗎？當賓客一起去參加他們工作上的聚會，反過來他們也可以跟你去。這會是認識新朋友的好方法，你可以告訴他們你在做什麼。

❻私廚晚餐俱樂部是認識當地新朋友的絕佳方法，晚餐能夠鼓勵真正的對話，對我來說那一直是最好的方式，可以建立真誠的關係，勝過任何一種宴飲活動。在餐桌上認識新朋友一直是我最喜愛的事情之一。

如何把數位領域中的熟人變成現實生活中永續的人脈

建立人脈並不是要遇見某個能夠改變你一生的人，而是要在過程中認識很多不同的人。不是像艾瑪．史東（Emma Stone）在電影《樂來越愛你》（*La La Land*）裡唱著〈人海中的那個人〉（Someone in the Crowd），而是要在過程中建立許多真誠的關係，擁有許多支持你的人，你也會支持他們做為回報。可以在你踏入的產業中彼此讚美，培養一些真正互相信賴的關係。

談到建立人脈，安・傅利曼（Ann Friedman）創造了「巴結旁人」（kissing sideways）一詞（而非「巴結上級、kissing up」——這個美語詞彙的意思是奉承、拍某人馬屁）。她說「認為你需要認識名人這個想法並不一定都是正確的，『巴結旁人』是要你擁有一群良好的同事和支持（網絡），而不是去找一個人提拔你好讓你跟著他們……我不認為我曾經在任何一個（建立人脈的）歡樂時光中認識過什麼重要人物。」[4]基本上，建立人脈是成為複合式工作者最重要環節之一——沒錯，你要有個良好的個人品牌，但是如果跟大家沒有良好的關係，良好的個人品牌也沒有意義。

如何維護你的人脈關係網

- 開啟一個不固定的 Whatsapp 群組，加入一群在數位領域的熟人，這些人彼此之間要有共同點。利用這種方式來來去去，當成一個不評判的地帶，讓大家可以討論費用、專案、目標等等。
- 提出問題，讓他們也有機會向你提問。即使你們有一陣子沒見面，還是可以在訊息應用程式上保持彼此互惠的關係。

- 一出現可能有工作機會的專案就要讓你人脈網中的成員知道，以免他們搶先一步。
- 絕對不要封閉關係網或集體組織不讓新人加入，避免建立派系。
- 讚揚你的線上社群，利用「週五追蹤推薦」（Follow Friday）的功能，經常在各個社群媒體上讚美你最喜歡的線上聯絡人。
- 設定關於聚會的實際目標，也許是每個月一次的晚餐。
- 並不一定要是關於工作的活動才會帶來好的工作機會，參加讀書俱樂部或是社交活動能帶來樂趣同時建立人脈。
- 確保聚會有效率，不要跟人家約在一天的中間喝咖啡，地點還得花很長的時間才能到得了。如果最後這場咖啡聚會根本不值得花時間，你會厭惡自己竟然還去了。確保每次都帶著開放的心胸跟一本書出席聚會，時間要看你方便，那樣一來，不管有沒有結果都無所謂了。

目標是讓人立刻覺得「我知道你在幹嘛」

我真心認為，我的許多成功都得歸功於我能夠立刻與人建立關係，推銷我在做些什麼。例如我的播客出現過一些非常受矚目的人，他們為什麼會想來參加我的節目呢？我去找賽斯．高汀的時候（他是美國最大的行銷人之一），我知道我必須以簡短的方式非常清楚地達到下列目標：（a）首先證明為何我的節目值得參加；（b）解釋我是誰；以及（c）確保他完全知道會有些什麼。

我知道自己必須明智地推銷，不能只是強調我跟這個節目最強的連結，而是要專門準備，去想想什麼能讓我顯得獨特又有趣，如果**我**是賽斯．高汀，是我收到這封不請自來的電子郵件的話。我如果說他應該要來，因為我的播客主要聽眾是二十幾歲和三十幾歲的年輕女性，這些人不是他平常的受眾。我必須做出獨特的描述，否則他為何要這麼做？我認為試著讓自己設身處地，處在對方的當下來想事情也有幫助，如果你是他們，怎麼樣你才願意去做？你的推銷中必須要有堅定的看法。

賽斯不認識我，對他來說我完全是個怪人，他之前根本沒聽說過我是誰，但是他說在谷歌上點個兩下，就能了解我在做什麼，所以他說好。這麼做之所以有用，還有谷歌為何如此有力，是因為能夠表現出品牌一致性。連貫一致非常重要，你不必有幾百萬的追蹤者，但是要清楚表達你想試著實現什麼，還有你已經完成了什麼。重點是你公開展示的內容，要能反映出你的意圖還有你是誰。

建立紮實線上表現、吸引更多連結的九個方法

建立好名聲在工作生活中很重要，我們大部分的生活都花在線上，想想人家在谷歌輸入我們的名字之後會看到什麼。當然我們會犯點小錯誤，或寫了一些寧願自己沒寫過的東西，別人很容易就能挖到我們十年前的留言。策劃我們的線上空間對於主導權非常重要，事關你以怎麼樣的方式呈現在外界，以下是一些在過程中學到的教訓。

1 避免輕率爭辯的推特發文

每次想在線上跟人爭辯的時候，請把你的數位足跡謹記在心，有意見很好（這是當然！）

但是請很快地問問自己：我**是否想要這個意見永遠留在線上給人看？要是我之後刪除這些留言會不會不好？**就算刪掉了，事實上在某處還是能找得到，而且大家喜歡截圖。我們生活在快節奏溝通的時代，暫停片刻，問問自己是否真的想說出這些話，又或者退一步停下來，看起來和感覺上可能都會比較好。我發現有時候看到某些東西會讓我惱火，但是我會把想法寫在日記上，那讓我感覺好多了，因為我已經把想法付諸文字，或許可以用在日後某些寫作的內容裡。我沒有無端陷入爭論推特發文的惡化深淵裡，畢竟那解決不了任何事情，只會讓人感覺更糟。

2貼文前要檢查（錯誤的自動修正！）

這個快節奏溝通的時代也意味著我們寄信時常常左右開弓，我很喜歡像Grammarly這樣的工具，能幫助你打造文法正確的電子郵件、替你校對。我們都經歷過自動修正的夢魘，那不是世界末日，但是有些事情的正確度很重要。就像再三檢查要寄出的表格很重要，檢查你的公開內容也同樣重要，如果被發現有錯誤，立刻就會讓人倒胃口。儘管我們活在表情符號的時代，檢查讓東西看起來像樣一點還是很重要。

3 創造你自己的內容目錄

適合別人的平台可能並不適合你，強求不來，你得花點時間弄清楚哪個平台能夠讓你充分表達自己。

- 喜歡拍短片嗎？——IG。
- 偏好短短的句子嗎？——推特。
- 比較擅長策劃其他內容嗎？——Pinterest。
- 想要極簡而有力的呈現自己嗎？——創造一個靜態的網頁（有些網頁就只有一頁很棒的簡單設計，上面有基本聯絡頁面，看起來既吸引人又神祕）。

挑選一個真正能夠讓你茁壯成長的平台，好好展現你的工作，別為了這樣而橫跨八個不同的社群媒體應用程式，這只會浪費太多時間，也稀釋掉你的主旨訊息。

4 自我行銷，但要保持平衡

自我行銷應該是透過分享你的工作來得到更多工作，但始終要記住這一點，你分享工作是有原因的，不是為了分享而分享。把自我行銷當成是一種策略，要有成果，這能緩和你以為**這是炫耀**的錯覺。如果你的分享帶有明確目的（能讓你感到自豪、想要人家因為這樣而僱用你、或是表明你跟觀點一致的人有合作），你的分享就能總是讓人感覺有條理又真實。

5 投資你的視覺呈現

視覺元素非常重要，如果線上搜尋會讓人找到你的網頁，他們就有可能根據所見所聞來決定是否跟你合作。文字固然重要，但是引人注目的視覺元素也很重要。投資你的設計、配色、大頭照以及網站可用性，視覺品牌應該是當務之急，你可能很擅長你的工作，但是老舊不適合的網站卻會成為第一道阻礙。我總會投資在視覺元素上，因為我知道一旦完成工作，我就會把那筆錢賺回來。

6 擁有一個有格調的電子郵件地址

如果你認識了某個人，低頭看他們名片上的電子郵件地址卻是蓬蓬雞 69@hotmail.com 之類的，那真是出奇地令人不快。理想上最好設立自己的網域名稱。

7檢查你的個人頁面是否設定為私人

把公共與私人頁面分開是一種常態，這樣你才更能掌控什麼是大家都能看到的，什麼又是只跟親友分享的（這對每個人來說都是好策略，用私人IG帳號的名人可多了）。這樣一來，你的公開頁面會有清楚的方向，你也可以適時添加個人風格。即使達成了混合工作與生活，在網際網路上擁有一個只屬於你的空間還是很不錯。

8花時間建立良好的谷歌第一頁

你知道只要在（例如像是）谷歌瀏覽器上開啟新的無痕視窗，你就能夠在不登入、不會造成結果偏差的情況下，查看自己的頁面出現在谷歌的哪個位置嗎？你可以監測看起來的樣子，看看有哪些東西從你的社交頻道被找了出來——知道自己在別人面前呈現出來的樣子總是好的。花時間設法讓自己的生意獲得良好的公關報導，從搜尋來看是個好策略。如果你的名字或生意在優良線上主流雜誌中被提到，很可能就會出現在谷歌搜尋結果的第一頁，這會讓你看起來很不錯，畢竟有百分之七十五的人永遠不會瀏覽超過第一頁之外的搜尋結果。

確保你有紮實的個人網站呈現也很重要，利用關鍵字、一致性和好的設計。但是知道你想達成的目標以及你的品牌目的只是第一步，如果你不清楚你想傳達的訊息，多少好設計都沒有幫助。注意你上傳當谷歌大頭照的照片也很重要，人家搜尋你的時候也會看到（這一段讓我想到有個怪異的線上工具叫做「超棒寶寶姓名」，可以讓新手父母依據現有可用的網域名稱和搜尋引擎最佳化來替他們的小孩命名，令人戰慄。）

9寫下在線上的時候，什麼能吸引你的目光

該如何調整自己呈現在線上的生意，靈感通常來自於我在逛網拍或瀏覽網頁的時候。如果某些簡單的東西吸引了我的目光，或者是我喜歡某個標誌的顏色、某個新的網站小工具、某段短片，我會做筆記寫下那些在消息來源中相對突出的資訊。並不是說我會直接複製貼上，但是我會留意，作為內容的接受者，怎樣做對我來說才有用。大部分的公司可能都會參與競爭者研究，你也應該這麼做，你就是你自己的受眾。

10
Chapter

我們與金錢的關係

在蓋比．鄧恩（Gaby Dunn）的播客節目《金錢苦手》（*Bad With Money*）中，她問來賓兩個問題：

1. 你最喜歡的性交體位是什麼？
2. 你的銀行帳戶裡有多少錢？

來賓會尷尬地回答第一題（不過通常相當坦率），但是第二題卻沉默以對。你寧願回答哪一題？我覺得回答第二題讓人感覺更赤裸。

我是個好轉中的金錢苦手，有時候如果某個月份壓力太大或是情緒不佳，我就會故態復萌。網際網路幫了大忙，助我克服不好的選擇，留意到反覆的習慣。我也會閱讀像是「理財瘦身」（The Financial Diet）這類的網站，提供真實故事和實用建議。直到最近我才發現有「財務健康」（financial health）這個術語，還有「金融素養」（financially literate）。金錢是一種語言，也是你需要練習才能擅長應付的事情。我喜歡部落格和社群媒體的開放性本質，讓我們更有可能去討論心理和身體健康，我認為最近的禁忌還有公開討論我們的財務健康。

與金錢的關係會以不同的方式影響到我們所有人：可能會造成關係緊張、害人夜裡睡不著；金錢的壓力讓人不適，影響到我們的動力，無法預料的情況也會讓人措手不及。沒有錢可能會導致焦慮，突然賺大錢也可能使關係複雜化。對財務健康保持開放態度並不表示到處跟人家講你的薪水，或是能夠自在地任人追問自己賺多少，這是私事。不過我們可以更開放地討論自己的難處、我們的儲蓄計劃和所遇到的困難，但願這麼做可以從彼此身上學到更多，努力多討論金錢可以幫助我們面對自己的恐懼和特定的財務問題。

要寫一本關於複合式工作者的書，不能不談到金錢，同時進行多樣專案的時候，掌握你的財務非常重要。當然你可以制定策略，透過你的複合物取得固定的月收入，但是顯然那跟單一來源的月薪有點不一樣。開始替自己工作之後，你必須確保自己能夠了解並掌握多樣的收入來源。好處是你可以安排讓自己有固定的現金流，因為在一個月內你一直會有多樣來源的現金，而不是每個月的最後一個星期五才領到一筆錢。

我希望我以前在學校學過更多關於金錢的知識，課稅、增值稅、制定預算——這些全是我吃盡苦頭才弄懂的。我以為我的學生貸款是免費的，把那些錢花在愚蠢的東西上，因此我總是超支，每個月都得付出很大的代價來應付。記得有一年我根本沒錢還去阿姆斯特丹旅行，我媽打電話來說銀行一直寄信來，警告我這麼常透支必須付出代價。我流下了眼淚——為什麼我這麼不負責任？為什麼我根本負擔不起還來度假？就好像是你在「節食」，最後卻吃掉更多東西來給自己搞破壞。我想存錢卻花掉更多錢，因為我心情很差或是有錯失恐懼症，這讓我落入內疚的深淵，我發現自己身陷毀滅的惡性循環中。許多人都會同意，身負任何一種債務都讓人尷尬，感覺就像一個可怕的祕密。當時有人承認他們也透支了，於是我身上的重擔開始減輕，並設法做出改變，知道自己並不孤單、有人可以講話事情會比較容易一點。最近我訪問了一位很棒的作者，年紀大約五十幾歲，她坦承自己的財務依然超支，很少聽到有人對於金錢的實際狀況這麼誠實，讓人明白人生總是充滿起落。

談論或思考金錢很難不引起情緒上的反應，它可能會引起脆弱的回憶、龐大的恐懼，還會引發比較。

要有預備金

談到工作，我們熬夜、週末加班，致力於超越其他人才能讓人印象深刻，我們不斷改進，追求那種自己很特別、公司需要我們的感覺做為回報，讓我們覺得自己和公司是站在同一陣線的。公司有時候會稱員工為夥伴或成員，用這種方式讓員工感覺自己是其中一員，但事實上如果有必要確保公司的成功，你其實可有可無，生意永遠都在第一位。在大型企業中，你可能會感覺自己是大家庭的一分子，但歸根究柢來說，情感並不是企業決策的第一考量。

或許這股對於安全感的擔憂下意識地不斷潛入我的腦海中，想到我們所處的世界遠比之前更加不穩定，顯然擁有副業或是其他技能不只有趣，還成為一種自立的方式。從前公司會提供住宿、搬遷安置，幫你支付小孩的學費，確保你會希望終身替該公司工作。如今不一樣了，發生重大變化的時候，沒有人能在事情降臨以前就預知一切，全靠公司能夠多快做出改變。比較大型的公司在改變發生的時候可能處於劣勢，員工往往是最可有可無的經常開支費用。職場本身防不了過時，往往反應過度卻不主動積極。好好做你的工作，但要明白投入的程度正在改變，不同於以往可以盡可能奉獻，然而現在雇主卻能輕易調整結構或裁員。裁員在以前是很少見又驚心動魄的事情，如今卻很常發生，這就是為何擁有一個以上的收入來源很重要。如果你的工作或職場發生了什麼事情，你就有其他東西可以依靠，這是善用自己手邊所有，讓自己有作主的權力。

確保你擁有某種個人應急金變得愈來愈重要，尤其如果你是複合式工作者，沒有傳統的退休金計劃安排的話，這個月可能跟下個月非常不一樣。這個月可能超級賺錢，有許多不同的專案全部同時入帳，或是某些銷售、委託的大好機會同時上門。也可能會有成效比較不好的月份，因此怎麼管理金錢真的很重要，要儲蓄並分散著花用，真正加以掌控。

自僱者儲蓄的三個訣竅

❶務必確保你有預備一筆錢用來繳稅，把這些錢存起來（事實上我會把一半的錢存進另一個分開的帳戶裡，加倍安全！）。

❷弄清楚哪些業務支出可以扣除，查看政府網站了解詳情。

❸研究是否有可能找一位會計——這會替你擺脫很多壓力！

為什麼我們害怕談論金錢？

根據一項艾利銀行（Ally Bank）所做的調查指出，每十個人當中就有七個認為在社交場合中討論金錢問題沒禮貌或不恰當[1]。最近在某次工作活動中有人來找我，直接問我賺了多少錢，讓我吃驚的不是那個問題，而是問得這麼直接，我完全沒有預料到。以前從來沒有人這樣公開地問過我，最後我給了一個很廣泛的答案，沒有透露詳情，我對於每個月實際上發生的變化含糊其辭。這件事情逼得我去反思，為什麼我覺得很尷尬？如果我想要對於金錢更加誠實，當然不該覺得這問題唐突吧？為何我們覺得討論具體的數字很棘手？我詢問了我在推特上的社群，看看如果發生在他們身上的話，他們會作何感想；我也問了他們賺多少錢。我收到兩百多則形形色色的回應。

記者蘇菲・希伍德（Sophie Heawood）的回答是：「我個人覺得這令人感到十分難為情，人類學上這在文化之間的差異很大，不過就我所處的文化來說，這麼做很沒禮貌。」音樂評論家米蘭達・索耶（Miranda Sawyer）接著回覆：「我覺得要看是誰問的，如果是個比較年輕的記者，我很樂意開誠布公談談我賺了多少，是做什麼／說什麼賺到錢的。」希伍德這時也同意：「噢，如果是有抱負的新人想知道詳細的費用、該如何收費，我一定會講，但不能隨意詢問整體收入。」接著米蘭達一針見血地說：「活在資本主義的社會中，金錢會完全隱藏在個人／情緒／社會價值之下，這不只是財務上的問題。」我們想要開誠布公地幫助他人，但是金錢掩蓋在這麼多的情緒之下，讓人非常容易受到影響。

英國頂尖的YouTube頻道主柔伊・薩格（Zoe Sugg）寫道：「要看是誰問的、為什麼問。如果我覺得產業中有朋友被坑了，我會告訴他們應該要拿到多少，根據我從自己的收入所知道的等等。不過大致上從來不需要討論這個問題，很多都只是愛探聽而已！」

卡琳娜．布里斯比（Karina Brisby）說：「澳洲文化對於談論薪水比較開放，我搬到英國來的時候，很快就發現了這一點。」作家基蘭．耶茨（Kieran Yates）說：「我不能代表所有人，不過大致上在南亞社會裡，被問到賺多少只是談話中很正常的一部分。」那麼為什麼在英國我們覺得討論這事情很為難呢？

貝卡（Becca DP）說：「過去人家一直積極告誡我，『不可以向團隊中任何人透露你的薪水是多少』，這樣感覺很卑鄙。」我也遇過這樣的情形，有次我在某份工作上爭取到非常好的薪水，然後人家就告訴我不能跟其他人講，否則會讓團隊中的其他成員對我不滿。

露易莎．薩烏瑪（Luiza Sauma）說：「這樣做很『沒禮貌』的看法，是由那些想要隱瞞財富的人在我們身上訓練出來的，薪資保密反而導致了工資懸殊。」

回應的看法不一，有些人很震驚，有些人提出公開透明化才能表示大家不會被占便宜。我有個女性朋友無意間發現她同事（也是女性）的薪資是多少——兩人的層級相同——薪資的差異卻很大，讓她非常焦慮，得知比別人領得少非常令人沮喪。如果不清楚檯面上有哪些可能性，你很難知道該要求什麼，這就是為什麼在社交場合討論金錢令人尷尬或感到緊張，因為沒人想發現自己賺的比別人少。即使我可以真心地說，我不認為金錢應該是「成功」的同義詞（絕對有些時候是我感到工作很成功，但是戶頭裡卻沒幾文錢），不可否認能靠努力工作賺到錢真的很好，寄出大筆金額的收費清單感覺真是太棒了！那帶給你自由，給你一種價值感，顯示出你的工作對某個人夠重要，他們願意在財務上投資你，這讓我們有更多選擇。我們一方面覺得金錢不等於成功，但是另一方面來說，金錢卻是受到認真看待的指標。

談論賺了很多錢也是個棘手問題，要看語調而定。有位ＩＧ攝影師暨線上顧問最近宣布，她的網際網路工作一年賺了二十萬英鎊，地點就在她位於鄉間的廚房桌子旁。她開設線上課程，提供數位成長諮詢服務。她的公開宣布沒有給人炫耀或不顧他人感受的感覺，反而既誠實又鼓舞人心，能聽到當地的人可以替自己工作，在冷門行業中興旺發展。她說的話可以證明一點——這些新工作往往被認為不算真正的工作，但事實上卻可以賺到很好的薪水。

對金錢抱持開放態度，有助於要求更多的錢

擁有一個可以尋求協助的社群，對於複合式工作者的職涯來說很重要，你需要比較費用差異、徵求建議。你可以很快地檢查你的推估數字聽起來是否正確，或者其他人收過多少的

費用、原因為何。這也表示如果你沒辦法接下某份工作，你可以提供給網絡中的某個人，幫忙別人最終都會回歸到自己身上。你最後會得到很多援助，只要你肯跟別人分享，而不是遮遮掩掩地什麼都不講出來。

這也能夠提高你的信心，讓你可以要求更多的錢。知道自己要求的價碼符合產業的衡量標準，你會覺得更有信心。

辛蒂．蓋洛普（Cindy Gallop）給過女性一則建議，如果妳是不確定該開價多少的自僱者或是要開始一份新工作，而老是在考慮這件事情。她的建議是：「妳應該要求妳能說出口又不會笑場的最高數字。」[2]有鑑於大部分人反正都想降低妳的費用，妳乾脆就開高一點吧。

談判費用的三個訣竅

❶讓客戶先出價你再開口，因為他們的預算可能高於你設定的費用。

❷要求更多——看看是否有議價空間（總是值得問一下！），也看看你能在你的服務中額外提供什麼。

> ❸不要因為人家承諾下一次會給更高的費用就接受太低的價格，可能很久都不會有下一個計劃，你會吃虧。

重點訣竅

根據一九九八年的「商業逾期撥款（利息）法案」（The Late Payment of Commercial Debts (Interest) Act），如果某公司或客戶延遲付款，你可以要求延遲付款的賠償金。要弄清楚你可以收多少延遲付款的利息，有個不錯的資源可以利用：londonfreelance.org/interest.html.

我為何開始以不同於尋常的方式賺錢

根據商業作家馬那基．歐羅拉（Manoj Arora），「大部分的百萬富翁都有七個收入來源」

[3]。我知道我對於被裁員的恐懼（看過這種事情發生在無數的朋友身上之後），表示我必須安排我能夠控制的收入來源。我開始觀察一些朋友在做的事情有什麼趨勢，在大西洋彼岸的美國，有些人開始利用部落格賺錢，或線上網站、市集、播客、內容行銷，而且他們的服務可以數位化。我承認除了坐在單一地點替單一公司工作之外，我也可以讓自己分散從事多樣專案，得到這些我一直夢寐以求的不同收入來源。我常常可以在一週內用四個不同的專案賺錢，收入翻了四倍。這也很適合我的個性。我沒耐心，工作速度很快，努力後很容易就覺得無聊，這是同時處理多樣專案的完美組合。我熱愛全力以赴投入某個專案，然後我也喜歡在專案結束後繼續前進做其他的事情。在辦公室的工作中，我學會如何不停應付多樣的要求，那是某個職責的一部分——是我的訓練營。因此我想知道，**要是我能夠善用我的時間，利用網際網路來從事多樣事情，而不必浪費時間通勤或是沒完沒了地開會呢？**

不過在線上賺錢有很多種方式，你要建立起自己的多重收入來源生態系統，讓輪子每天不停地轉動。例如在一個月之內，你可能會販售線上課程的票券、開立諮詢收費清單給顧客、透過線上市集販售產品賺錢。有個例子是我告訴朋友很多人都會根據我的線上推薦去買書，她說我應該設立亞馬遜的聯盟行銷帳號（Amazon Associates），這樣每次人家透過我分享的連結買書，我就能得到一小部分的紅利。這是許多例子的其中之一，我們能夠賺錢的方式遠比我們所想的還要多。

有個很棒的資源能看到其他人如何成功利用副業賺錢，那就是 Starling Bank 這個網站。他們訪問了不同的副業人士，問他們如何平衡副業與工作，還有他們最大的理財挑戰是什麼。例如 Kodes Accessories 品牌飾品的老闆莫蓮娜・費奧利－克比（Morena Fiore-Kirby）說：「很容易會失控投資在新材料和實驗上，身為手藝人，我的腦子裡不斷有想法蹦出來，自己當老闆表示我可以核可任何的採購。腳踏實地、專注在必要可行的事情上是一大挑戰。」[4] 核准自己的開銷和確保了解每件事情只是其中兩項考驗，說到追蹤，有些線上工具和應用程式可以派上用場。例如 Unsplurge 是一個 iOS 的預算應用程式，能讓你替自己喜愛或期待的東西存錢；Clarity Money 能幫助你記錄種種細節，提醒你取消早已忘記的訂閱之類的。

有許多不同的方式可以在線上賺更多的錢，當作是複合式工作職涯的一部分，以下是幾個主要方法。

利用副業賺錢的七個方法

❶透過像是 Shopify 開店平台這樣的服務來販售你的產品（不管那可能會是什麼）。

❷向年度單次贊助商提案推銷——基本上就是來自一家公司的投資，建立長期合作關係而非多次小型合作。

❸播客可以透過像是 Libsyn、Acast 和 Podbean 這類平台來賺錢。

❹建立客戶電子報，利用電子報來與其他公司合作。

❺販售電子書或是網路研討會。

❻利用社群媒體上的聯盟連結（例如亞馬遜聯盟行銷），只要有人透過你的連結購物，你就能夠得到一部分的收入。

❼想替副業群眾募資可以利用平台如 Kickstarter、Indiegogo 或是 Unbound（如果是要做一本書的話）。

我們財務目標是個人的，全都不同

我在女性網站 The Cut 的問答專欄「理財媽媽」（Money Mom）上讀過一些東西，這個專欄是專門用來幫助大家解決金錢疑難雜症的。有些人寫信去問他們是否永遠也不會有足夠的錢，理財媽媽的回答是，「對你來說，到底怎樣才算『足夠』的錢？這當然是主觀的，不過對於大多數人來說，這包括了一定程度的獨立自主。」[5] 說得太對了，對我朋友來說的『足夠』與我的『足夠』截然不同。時尚網站 Refinery29 有個很受歡迎的專題「金錢日記」（Money Diaries），記錄了許多人賺取和花費完全不同金額的故事。「理財媽媽」的問題讓我問了自己同樣的事情：**我想要多少？我個人的足夠程度是多少？**我的答案會跟你不一樣，你的也會跟我不一樣。我們的答案會跟朋友不一樣，甚至跟家人也不一樣。足夠是個人的事情，我們應該深入了解，研究我們真正想要多少。

這並不是說我們應該強行制止自己，認為我們的「足夠」應該少於我們應得或是想追求的。我記得跟手機應用程式 Starling Bank 的執行長安妮・博登（Anne Boden）聊過，要求加薪的時候，有人對安妮說：「可是妳的薪水對妳來說足夠了啊。」「對妳來說足夠了」是什麼意思？因為她是女性？因為她的背景？因為她成長的環境？因為她的年紀？那到底是什麼意思？我們的「足夠」應該完全取決於我們。明白對我們來說多少錢才算足夠並不表示事情解決了，這表示我們知道自己想用那些錢實現什麼，又有哪些可能的限制。記住這個目標能讓我們不去跟他人比較。

根據你每個月所需的生活費用計算出多少才算足夠，這樣讓人更容易計劃未來。確切知道每個月需要多少錢表示你知道銀行裡該有多少錢，如果你想要休息一個月，或是花時間從事副業、學新課程的話。掌握財務狀況讓人感到自主，知道所需的最低生活金額是多少，在那之外多賺的你能夠存下多少。擁有多樣收入來源讓人存錢快多了，因為儘管每個月可能會有變化，你也會有大筆進帳的時候。

金錢對你來說有多重要？

- 高薪是你的主要動力嗎？
- 讓你最快樂的事情是什麼？
- 讓你快樂的非物質事情是什麼？
- 購物的興奮有多快會消失？

- 你每個月**需要**多少錢才能過你想過的生活？
- 你每個月**想要**多少錢才能過你想過的生活？

自己做超簡易預算追蹤

著手進行複合式工作的安排之前，我有一份全職工作，我算過每個月確切需要多少錢。這讓我能夠存下每個月剩的小錢（我知道就要辭職了，所以需要一點後備），心裡也有個確切的數字，明白開始替自己工作之後，每個月需要賺到多少才夠。

- 計算全部不同專案的總收入＝收入一（其他不同副業的收入則是收入二、三、四等等）。
- 列清單寫下你每個月重複的支出。
- 把你的支出分類（水電、交通、保險、還款、雜項等等），計算出每個月的總額。
- 計算出結餘＝總收入－總支出，這就是你每個月的利潤。

・少數情況下你可能會有剩下來的錢，請存起來。

剛開始可能感覺犧牲了很多，因為你正在選擇一條新的、更自由、更有創意的道路。一旦你開始吸引到多樣的收入來源，好處反而更多，不過這個轉換階段可能會讓人覺得在財務上短期內必須倒退一步。

創造你自己的應急金

「退休金」這個詞對我來說感覺總是很陌生，我換了這麼多工作一直在變動，記不清我存了多少錢進去，感覺這要真能行得通的話，只能一直待在某間公司，因為他們承諾會撥入跟我存進去一樣多的金額。這是一個不錯的有利條件，但是我知道我不會在那裡待很久。我讀過一個訣竅說為了在退休的時候有三萬英鎊的退休金，你必須在接下來的四十年內，每個月存八百英鎊。說起來很沒共鳴又有點不可能，誰能輕易地存下八百英鎊啊……每個月？我決定改用「應急金」這個詞而不用「退休金」，然後開始從事多樣專案替自己的未來準備應急金。根據《金融時報》的一篇文章，「只有百分之十六的人表示他們知道該存多少錢，才能達到理想中的退休生活水準。」[6]輿觀調查網站 YouGov 上的「消除年輕人退休金差距」（Bridging the Young Adults Pension Gap）報導發現，在十八歲到三十四歲的人當中，有百分之四十表示自己沒有準備退休金，有百分之二十七表示他們根本不了解制度。」[7]

有家名叫 Boring Money 的理財公司稱呼二十五到三十四歲的人是「叛逆房客」（Rebellious Renters）：「叛逆房客每三個人當中就有兩個人的現金存款與投資低於一萬英鎊；五人有一人沒有現金。」[8]叛逆房客中不到一半（百分之四十八）有職場或私人退休金，相較之下年輕屋主則有百分之七十一有退休金[9]。顯然退休金制度似乎過時了，也需要更公開地討論替代方案。如果有更多人轉向複合式工作的生活型態，我們就必須開始儲蓄、存點東西，只不過方式不同罷了。

我們與替未來儲蓄的關係正在改變，也許會視你成長在哪個世代而略有不同。由於經濟衰退和住宅危機，千禧世代與金錢的關係跟他們的父母不一樣，有三分之二的千禧世代為了學貸和信用卡苦苦掙扎（不像他們的父母），我們負債累累，與金錢的關係一開始就敗壞了。談論金錢和退休感覺似乎總是太早，但是我們愈早意識到這件事情的重要性愈好，對我們所有的人來說，總會有個時刻想要（或需要）停止工作。

關於未來以及金錢的對話必須改變，因為舊體制無法適用於所有的世代。很明顯地我們必須去討論關於退休金的話題，因為職場已經改變了，所以我們賺錢跟存錢的方式也改變了。隨著自僱者的全面增加，個人退休金的討論也應該比現在更多。

停止比較銀行戶頭

在脆弱的時刻我會短暫地陷入混亂，胡亂假想別人賺多少錢（通常是根據模糊如ＩＧ動態之類的）。儘管金錢不在我成功清單上的第一順位，我還是忍不住偶爾會去評斷假想，猜測周遭的人賺了多少錢，不管是線上或離線、朋友還是陌生人。但事實是我們不知道別人賺了多少，也不知道別人的銀號戶頭裡有多少。凱瑟琳．歐瑪（Katherine Ormerod）這位作家經營一個網站叫做「工作、工作、工作」（Work Work Work），她寫過一篇文章「手頭很緊不想講」（Money's Too Tight To Mention），坦承她在ＩＧ上的表現往往與她實際的銀行帳戶有衝突：「並非我生活中或ＩＧ上的一切都是免費招待的，不過很多都是，這快速扭曲了我真實的財務狀況。」

我訪問過備受矚目的名人和「網紅」，他們擁有大批追蹤者卻幾乎沒有錢，也訪問過從事低薪工作卻精通儲蓄之道的人。我認為許多關於金錢的神祕和禁忌，都是因為大公司不希望我們公開討論金錢，這是讓我們保持沉默，變得渺小而容易控制的方法。我們知道要是在某個公司內全面透明化，那會造成分歧、尷尬，公司必須花更多成本經費來確保同職位的每一個人都能平等。我們也可以假定有許多薪資差距會被挖掘出來，就像英國廣播公司男性與女性主持人之間的薪資差距曝光一樣。

理想中，談到金錢我們應該公開透明化，因為沒有什麼好隱瞞的。在複合式工作者的世界裡，對金錢公開透明化比較容易，因為你可以用專案為基礎來談論金錢，那是不同於賺一筆薪資的方式。我會與其他複合式工作者公開討論我的收費，我知道我每個小時值多少錢，我們會比較討論費用差異。我覺得照時間收費感覺自主多了（而不是任意一個數目），這讓談論金錢容易許多，對我來說，這不再被神祕給遮蔽。我的薪水過去總感覺像是應該保密的事情，當我想討價還價要求加薪的時候，總會被告知要守口如瓶，因為我知道我那些比較安靜的同事並沒有替自己爭取。不過我現在的工作以專案為基準，時常輪換，我覺得更有自主權、更能掌控，我可以更公開地討論，分享我從財務成功中所得到的知識，而不必擔心遭受批評。

終曲（算是吧）

恭喜你，讀到最後一章了！希望你感到勇氣倍增，準備好要展翅開始你的複合式工作。我希望你列下了筆記和步驟，知道該如何擴展你的工作組合了。這裡是**大部分**商業或職涯書籍作者會給你來個全能結論的地方，充滿感情的大結局，所有沒交代清楚的事情全都巧妙聯繫成一則紮實的「終曲」，接著你就可以闔上書繼續過你的人生。或許還會包括一些大預言，告訴你說他們**確信**總有一天會實現。但是本書的整個重點在於，對於工作的未來，沒有所謂最終論定的解決方法。我們**處在**改變之中，此時此刻，我們無法確切知道職場會往什麼方向去，又或者個人的未來有些什麼，但是我們能做的就是在此時保護自己、讓自己擁有權力。我們可以利用口袋裡的工具讓自己維持關聯性，持續讓自己不過時，並且記住有許多工作都還沒有被發明出來。由於這些原因，這是個令人興奮的時代，我們得以重新改造自己、學習新技能、傳授新技能，找出全新但沒那麼顯著的機會，致力於與科技並肩工作，要採用對生活有幫助而非有負擔的方式。我們以讓人自由的方式來工作，利用所有新潮的科技發明，還有多元的人類自我及立場，我們得以擺脫框架，得以放棄再重新來過。

我所提供大部分關於實行複合式工作生活型態的想法與實際訣竅，都是為了深入剖析根深柢固的工作信念，那些我們在成長過程中吸收並奉之為絕對真理的看法。你也許會抱持著合理的個人保留態度來讀這本書，或是有你自己的意見，但這不是要你明天一醒來就去遞辭呈，而是要持續冒一些小風險，替自己開展一些可能的兼差機會。這是要踏出既定的職涯框架，投資**你自己**。如果你一直想要改變你的工作生活，**現在就是好時機**。職場需要重頭來過，放棄許多舊傳統。大規模重建調整持續進行之時，展開你的副業，建立網站，獨立銷售你的服務，實驗看看會發生什麼事情。**就是現在**，把事情掌握在自己手中，替自己備妥技能、投資自己，徹徹底底去做。現在確實是時候撕掉規則手冊了，拿出新的筆記本重新開始，這並不像聽起來那麼可怕，更可怕的是像平常那樣埋頭工作，但我們腳下所踩卻緩緩移動。

話說到這裡，現在再給你一些持久的理由，不管是利用閒暇時間、偷來的時間或是你全部的時間，如果不去擴展，不去克服你一直想做的事情的話，為什麼你會錯失良機。我挺你。

剛開始可能感覺犧牲了很多

事情在前進之前，感覺有點退步是很正常的。我的經驗告訴我，自我懷疑其實是一種很有用的情緒，困擾著要你去分析現狀，**確實檢查**是否有任何事情需要改變或是動手去做。那也有可能會欺騙你，我讀了由陶德・卡什丹（Todd Kashdan）與羅伯特・比斯瓦斯－迪納（Robert Biswas-Diener）所寫的《負面情緒的力量》（*The Power of Negative Emotion*）一書，了解到某些情緒會試圖引導你。覺得嫉妒？那是你想要那樣東西的徵兆。覺得充滿恐懼與自我懷疑？那是因為你可能在做某件事情，害怕不知道會如何發展。覺得生氣？那可能是因為明明觸手可及，但你卻又覺得還沒找到工具，不能真正實現你的想法。種種負面感受的背後都是徵兆，表示你其實能夠做到，接納這些令人不快的情緒，視之為有趣而非擾人之事。你只需要挑開幾層洋蔥，就能釐清自己真正的感覺。有時候事情感覺很艱難，但並不表示那是不好的決定。在多年兼差副業之後我離開了全職的工作，我從來不曾感到如此脆弱，但是到最後，幾個月辛勤工作的好處非常值得。事情需要時間才會開花結果，例如在寫這本書的時候，最困難的就是（很諷刺地）我知道能夠完美成形的那些時刻，讓事情順利完成，不過一開始可能不會那麼容易。

接納你自己的獨特魔力

接受複合式工作世界的樂趣之一，就是你在中心，可以把你（廣泛的！）獨特技能全用上。那些可能不是平常在大企業會獲得高度賞識的外向技能，也沒有關係，你本身的超能力也許比較不明顯，但是卻能在你的複合式工作生活型態中發揮很大的作用。你擅長跟人打交道嗎？你極其獨立嗎？你適應力超強，在哪裡都能工作嗎？你能快速學會新東西嗎？你擅長想出稀奇古怪的點子但是卻無處發揮嗎？聽聽看人家是怎麼稱讚你的，你有你的強項，但是我們現在的工作安排著重的是惹人注目的顯眼花俏技能。留意那些內向技能，能夠幫你走得更遠，讓你在競爭中占有優勢，記住這些技能，好好培養，要知道這些技能在你的複合式工作職涯路上，都有一席之地。

拿回你的時間

正如美國眾議員瑪克辛・華特斯（Maxine Waters）的名言：「我要拿回我的時間！」拿

回你的時間應該是今日工作與生活的關鍵要素。時間感覺就像是現代生活中最大的奢侈品，但是我們不該把彈性工作的機會視為只有少數人能享有的特權，應該要更廣泛地讓人人都能擁有，這是個人能夠獲得一些時間的方式，不再那麼過勞。擁有時間——即使是最少量的額外時間——表示我們能夠成長、學習，把我們的工作做得更好。現在是時候去要求、申請一些彈性工作的機會了，即使只是一週幾個小時也好，推動更多公司提供這些通用標準的選擇。像是 Timewise 這樣的公司宣傳彈性工作，如果你需要額外的時間來展開副業、學習新技能或是接受線上訓練的話，我們也需要好好養成習慣，更常讓自己切斷線上的世界。我們該如何更加妥善利用時間？二〇一四年時，輿觀調查網站 YouGov 發現有百分之五十七的英國人支持引進每週工作四天，我們是否可以朝著這個方向前進呢？

准予許可

職場階級正在改變，我們想從工作得到的東西也在改變，我們不再從同樣的地方得到職涯「許可證」。每次我在工作相關的活動或工作坊遇到別人的時候，有百分之九十九來找我的人都不是要徵詢意見，而是要得到我的**許可**。他們會詳細告訴我商業計劃，告訴我所有已經做好的準備、他們腦子裡的想法、想要採取的步驟、背後的熱情，他們想要的似乎只是人家的安慰。這讓我明白我們原來給了自己這麼大的阻力，只因為不願意許可自己去做。給你自己許可，放手去做。

對改變抱持開放的態度

改變是好的，改變可能很恐怖，不過改變也可以很棒。Akin 與 Opinium 網站最近透露了一項研究，探討社會上一群他們稱為「翻轉家」（changemaker）的人，你可以說這也包括複合式工作者在內。這類人尋求不同於一般的生活型態，願意接受改變。研究中的這群翻轉家不屬於某個世代或地點，而是「一群由價值觀與態度來定義的人」，根據尼爾森估計，全球有四億五千五百萬像這樣的「我們」。你讀了這本書，也是一位翻轉家，要不然你就不會拿起這本書了。尋求不同工作生活的路上你並不孤單，像我們這樣的人在周遭有數以百萬計，都在追尋同樣的改變，讓我們找到彼此，所以別畏懼成就許多不同的事情。

致謝

首先我必須感謝我超棒的作家經紀人、Abigail Bergstrom，謝謝妳持續不斷的支持，擁有妳真的很幸運！非常感謝妳忍受我那些深夜裡拿不定主意的 WhatsApp 訊息，妳最好了。

感謝 Hodder & Stoughton 的團隊，對本書及其背後的中心思想表現出如此的熱情，從我們首度見面就一直是如此（那天天氣很好——是個適合在會議室裡吃冰淇淋的美好倫敦夏日）。感謝我的編輯 Briony Gowlett，跟妳一起合作實在太愉快了：真的非常謝謝妳！我還要感謝 Vero、Heather、Caitriona、Dom、Rosie、Cameron 和 Amy，謝謝你們這麼棒的團隊。也要謝謝才華洋溢的 Holly McGlynn，替我拍攝了封底的照片。

非常感謝 Diving Bell，你們是最棒的管理團隊——Kim Butler，妳是老大，我很高興我們在二〇一六年那個下著雨的十二月傍晚偶然相遇，謝天謝地，我們兩個都決定要去參加那場派對。當時我並不知道我會得到這麼棒的未來團隊夥伴及朋友。

感謝書中提到的每一位奇妙複合式工作者：謝謝你們接受採訪，或是願意讓我用你們的故事當作個案研究，我很感激你們的貢獻及時間。

謝謝收聽過或當過我播客來賓的人，在 *Ctrl Alt Delete* 這個節目中誕生了許多本書的想法，都來自那些奇妙而未經過濾的對話，與許多不同的行動主義者、創意家和創業者之間，我非常感謝那些持續參與節目和題材的人，我仍然熱愛製作這個節目。謝謝 Shola Aleje 出色地製作我的現場節目。

感謝 WeWork 和 Bumble 的出色女性（Annabelle，謝謝！）與我合作，支持複合式工作運動，謝謝我在 Starling Bank 的朋友，謝謝你們所做的一切，促成了關於金錢的重要對話。

謝謝我老爸，他是我觀察並且學習的第一位自僱、複合式工作者，還有老媽：謝謝妳的一切。呼叫我的手足，你們讓我覺得自己是最棒的一員；我最好的朋友（你們自己知道囉，人稱 The Susans）。Paul，謝謝你每天晚上讓我咬耳朵嘮叨這本書講了一年，我很愛我們刺激、充滿創意的複合式工作生活。

Empire', NewsCred (31 Mar. 2015), https://insights.newscred.com/howjournalist-ann-friedman-built-a-newsletter-empire/.

第十章

1. 參見 Dan Kadlec, 'Is It Rude to Talk About Money? Millennials Don't Think So', *Money* (21 Jan. 2016), http://time.com/money/4187855/millennials-moneymanners/.
2. 參見 Rachel Krantz, 'How To Get A Raise No Matter What, According To Businesswoman Cindy Gallop', Bustle (16 Dec. 2015), https://www.bustle.com/articles/129373-how-to-get-a-raise-no-matter-what-according-to-businesswoman-cindy-gallop.
3. 參見 Manoj Arora, '7 Income Streams of most millionaires', LinkedIn (1 Nov. 2015), https://www.linkedin.com/pulse/7-income-streams-mostmillionaires-manoj-arora.
4. 參見 James Pratley, 'The Side Hustle: Kodes Accessories', Starling Bank (4 Oct. 2017), https://www.starlingbank.com/blog/the-side-hustle-kodes-accessories/.
5. 參見 Charlotte Cowles, 'Will I Ever Have Enough Money?', The Cut (10 Nov. 2017), https://www.thecut.com/2017/11/money-mom-will-i-ever-have-enough-money.html.
6. 參見 'Josephine Cumbo, 'Saving for retirement: how much is enough?', *FinancialTimes* (16 Nov. 2017), https://www.ft.com/content/8e324baa-c86f-11e7-ab18-7a9fb7d6163e.
7. 參見 Report, 'Bridging the Young Adults Pension Gap', YouGov (9 May 2017), https://reports.yougov.com/reportaction/pensiongap_17/Marketing.
8. 參見 'Rebellious Renters', Boring Money（於 19 April 2018 造訪）, https://www.boringmoney.co.uk/belong/rebellious-renters/.

6. 參見 Kim Parker and Wendy Wang, Modern Parenthood, 'Chapter 1: Changing Views About Work', Pew Research Center (14 Mar. 2013), http://www.pewsocialtrends.org/2013/03/14/chapter-1-changing-views-about-work/.
7. 參見 Christina Lemieux, 'Agencies need to harness the power of part-timers', Campaign (14 Mar. 2017), https://www.campaignlive.co.uk/article/agencies-needharness-power-part-timers/1427177.
8. 參見 Jonathan Heaf, 'How to spot: The slashie', *GQ* (15 Oct. 2017), http://www.gq-magazine.co.uk/article/how-to-spot-the-slashie.
9. 參見電子傳真 Plutarch, *The Parallel Lives*, (published in Vol. VII of the Loeb Classical Library edition, 1919) , http://penelope.uchicago.edu/Thayer/e/roman/texts/plutarch/lives/caesar*.html.
10. 參見 Steve Heighton, 'Digital Distraction Is Bad for Creativity', *The Walrus* (30 Nov. 2017), https://thewalrus.ca/digital-distraction-is-bad-for-creativity/.
11. 參見 Jean M. Twenge, 'Have Smartphones Destroyed a Generation?', *The Atlantic* (3 Aug. 2017), https://www.theatlantic.com/amp/article/534198/.
12. 參見 Vivek Murthy, 'Work And The Loneliness Epidemic', *Harvard Business Review* (n.d.), https://hbr.org/cover-story/2017/09/work-and-the-loneliness-epidemic.

第九章

1. 參見 Caitlin Moran, 'My posthumous advice for my daughter', *The Times* (13 July 2013), https: //www.thetimes.co.uk/article/my-posthumous-advice-for-mydaughter-qkjgh7whg9l.
2. 參見 Lee Price, 'How to be the person people want to talk to at networking events', Monster, https://www.monster.com/career-advice/article/networkingadvice-tips-0816'.
3. 參見 Mercedes Cardona, 'The Future Is Automated For The People, According To Webby Trend Talk', Velocitize (26 Oct. 2017), https://velocitize.com/2017/10/26/webby-awards-wpe-summit-this-automated-life/.
4. 參見 Amber van Natten, 'How Journalist Ann Friedman Built A Newsletter

第七章

1. 參見 Stefan Stern, 'Why have job titles become so complicated?', *Guardian* (5 Oct. 2017), https://www.theguardian.com/commentisfree/2017/oct/05/job-titlesbbc-identity-architects.
2. 參見 Timothy Ferriss, Tribe of Mentors (London: Vermilion, 2017).
3. 參見同第四章注釋 6。
4. 參見 Brigid Schulte, *Over whelmed: Work, Love, and Play When No One Has the Time*, London: Bloomsbury 2014.
5. 參見播客 Bruce Daisley, 'The Way We're Working Isn't Working' , Eat Sleep Work Repeat (22 May 2017), https://www.acast.com/eatsleepworkrepeat/17-thewaywereworkingisntworking.
6. 參見 Madeleine Dore, 'Why you should manage your energy, not your time',BBC (13 June 2017), http://www.bbc.com/capital/story/20170612-why-you-shouldmanage-your-energy-not-your-time.

第八章

1. 參見 David Goldman, 'Facebook claims it created 4.5 million jobs', CNN Tech (20 Jan. 2015), http://money.cnn.com/2015/01/20/technology/social/facebookjobs/index.html.
2. 參見 Lisa Miller, 'The Ambition Collision', The Cut (6 Sept. 2017), https://www.thecut.com/2017/09/what-happens-to-ambition-in-your-30s.html.
3. 參見 Katty Kay and Claire Shipman, 'The Confi dence Gap', *The Atlantic* (May 2014), https://www.theatlantic.com/magazine/archive/2014/05/the-confi dencegap/359815/.
4. 參見 'Young women facing career confi dence crisis, with 23% of those currently without a mentor seeking one for advice and skills development', Monster (n.d.), http://info.monster.co.uk/young-women-facing-career-confi dencecrisis/article.aspx.
5. 參見 https://www.equalityhumanrights.com/en/our-work/news/pregnancy-and-maternity-discrimination-forces-thousands-new-mothers-outtheir-jobs.

3. 參見 V.C. Hahn and C. Dormann, 'The role of partners and children for employees' psychological detachment from work and well-being', *Journal of Applied Psychology*, 98(1), 26–36, APA PsycNET, http://psycnet.apa.org/record/2012-28973-001.
4. 參見 *The Future of Work and Death* (2016), directed by Sean Blacknell and Wayne Walsh, http://www.imdb.com/title/tt5142784/.
5. 參見 SWNS, 'Half of millennials have a "side hustle"', *New York Post* (14 Nov. 2017), https://nypost.com/2017/11/14/half-of-millennials-have-a-side-hustle/.
6. 參見部落格 Thomas Costello, 'How to pursue your passion and launch a Side Hustle', GoDaddy (10 Apr. 2017), https://uk.godaddy.com/blog/pursue-passionlaunch-side-hustle/.
7. 參見 Mark Molloy, 'CEO praised for wonderful response to employee's mental health email', *Daily Telegraph* (12 July 2017), http://www.telegraph.co.uk/health-fitness/mind/ceo-praised-wonderful-response-employees-mental-health-email/.
8. 參見 Helen Leggatt, 'Mobile workers sleeping with their smartphones', BizReport, (30 May 2011), www.bizreport.com/2011/05/mobile-workerssleeping-with-their-smartphones.html.
9. 參見 BBC News, 'Virgin's Richard Branson offers staff unlimited holiday' BBC (24 Sept. 2014), http://www.bbc.co.uk/news/business-29356627.
10. 參見 Joe Lazauskas, 'Why More Tech Companies Are Rethinking Their Perks', *Fast Company* (16 Oct. 2015), https://www.fastcompany.com/3052329/why-more-tech-companies-are-rethinking-their-perks.
11. 參見 Anne Perkins, 'Richard Branson's "unlimited holiday" sounds great – until you think about it', *Guardian* (25 Sept. 2014), https://www.theguardian.com/commentisfree/2014/sep/25/richard-branson-unlimited-holidayjob-insecurity.
12. 參見 Suzanne Moore, 'It's not a perk when big employers offer egg-freezing – it's a bogus bribe', *Guardian* (26 Apr. 2017), https://www.theguardian.com/society/commentisfree/2017/apr/26/its-not-a-perk-when-bigemployers-offer-egg-freezing-its-a-bogus-bribe.

16. 參見 Roger McNamee, 'How Facebook and Google threaten public health – and democracy', *Guardian* (11 Nov. 2017), https://amp.theguardian.com/commentisfree/2017/nov/11/facebook-google-public-health-democracy.
17. 參見 Patrick Nelson, 'We touch our phones 2,617 times, a day, says study', Network World (7 July 2016), https://www.networkworld.com/article/3092446/smartphones/we-touch-our-phones-2617-times-a-day-says-study.html.
18. 參見 Paul Lewis, '"Our mind can be hijacked": the tech insiders who fear a smartphone dystopia', *Guardian* (6 Oct. 2017), https://www.theguardian.com/technology/2017/oct/05/smartphone-addiction-silicon-valley-dystopia?CMP=share_btn_tw.
19. 參見 Amy B. Wang (Washington Post), 'Ex-Facebook executive says social media are destroying society', Houston Chronicle (updated 13 Dec. 2017),http://www.chron.com/business/technology/article/Ex-Facebook-executivesays-social-media-is-12425734.php.
20. 參見 Martha Lane Fox, 'Technology is a marvel – now let's make it moral', *Guardian* (10 Apr. 2017), https://www.theguardian.com/commentisfree/2017/apr/10/ethical-technology-women-britain-internet.
21. 參見 Jess Commons, 'Reading The News Gave Me An Anxiety Breakdown?', Refinery29（16 Jun. 2018 更新）, https://www.refinery29.com/en-gb/world-news-anxiety-twitter-facebook.
22. 參見 'Brief diversion vastly improve focus, researchers find', Science Daily (8 Feb. 2011), https://www.sciencedaily.com/releases/2011/02/110208131529.htm.

第六章

1. 參見 'The 2017 State of Telecommuting in the U.S. Employee Workforce', Flexjobs (n.d.), https://www.fl exjobs.com/2017-State-of-Telecommuting-US/.
2. 參見《澳洲人報》（*The Australian*）轉載自《泰晤士報》（*The Times*）的訪談：https://www.theaustralian.com.au/world/the-times/ease-off-work-tweets-says-twitter-boss/news-story/12614be30018c7ec2fa80ce343af7aed.

be killing you', *Guardian* (15 Jan. 2018), https://www.theguardian.com/lifeandstyle/2018/jan/15/is-28-hours-ideal-working-week-for-healthy-life.

6. 參見 David Derbyshire, 'Daytime nap "is as refreshing as a night's sleep"', *Daily Telegraph* (23 June 2003), http://www.telegraph.co.uk/news/worldnews/northamerica/usa/1433851/Daytime-nap-is-as-refreshing-as-a-nights-sleep.html.
7. 參見 'Napping', National Sleep Foundation (n.d.), https://sleepfoundation.org/sleep-topics/napping.
8. 參見 The Daily Dozers, '8 Famous Nappers in History', MattressFirm (13 Mar. 2017), https://www.mattressfirm.com/blog/current-news/8-famous-nappershistory/.
9. 參見 Hilary Brueck, 'You are probably not getting enough sleep, and it is killing you', Business Insider (27 Apr. 2018), https://www.businessinsider.com/how-much-sleep-is-enough-health-risks-dangers-of-sleep-deprivation-2017-11
10. 參見 Dan Schawbel, 'Cali Williams Yost: Why We Have to Rethink Work Life Balance', *Forbes* (9 Jan. 2013), https://www.forbes.com/sites/danschawbel/2013/01/08/cali-williams-yost-why-we-have-to-rethink-work-life-balance/#6512b65331d6.
11. 參見 Max Chafkin, 'Yahoo's Marissa Mayer on Selling a Company While Trying to Turn It Around', Bloomberg Businessweek (4 Aug. 2016), https://www.bloomberg.com/features/2016-marissa-mayer-interviewissue/.
12. 參見 Lev Grossman, 'Runner-up: Tim Cook, the Technologist', *Time* (19 Dec. 2012), http://poy.time.com/2012/12/19/runner-up-tim-cook-the-technologist/
13. 參見 Tony Poulos, 'Should untrained under-18s be banned by law from social media?', DisruptiveViews (17 Oct. 2017), https://disruptiveviews.com/under-18s-banned-social-media/.
14. 參見同第四章注釋 6。
15. 參見 Kim Janssen, 'Social media may be as bad as smoking, Kickstarter CEO tells Ashton Kutcher'. *Chicago Times* (28 July 2016) http://www.chicagotribune.com/news/chicagoinc/ct-ashton-kutcher-kickstarter-0729-chicago-inc-20160728-story.html

5. 參見 Jennifer Miller, 'Leadership Tips for the Modern Fluid Workforce', InPower Coaching (27 June 2017), https://inpowercoaching.com/leadership-tips-modern-fl uid-workforce/.
6. 參見 Cathy Engelbert and John Hagel, 'Radically open: Tom Friedman on jobs, learning, and the future of work', Deloitte Insights (31 July 2017), https://dupress.deloitte.com/dup-us-en/deloitte-review/issue-21/tom-friedman-interview-jobs-learning-future-of-work.html.
7. 參見 Kenneth R. Rosen, 'How to Recognize Burnout Before You're Burned Out', *New York Times* (5 Sept. 2017), https://www.nytimes.com/2017/09/05/smarter-living/workplace-burnout-symptoms.html?sl_l=1&sl_rec=editorial&referer=.
8. 參見 Jackee Holder, 'How Creativity Boosts Your Mental Health and Wellbeing', Welldoing.org (18 Feb 2016), https://welldoing.org/article/howcreativity-boosts-your-mental-health-wellbeing.
9. 參見 Lydia Ruffl es, 'Art and soul: how sparking your creativity helps you stay well', *Guardian* (5 Nov. 2017), https://amp.theguardian.com/lifeandstyle/2017/nov/05/art-and-soul-how-sparking-creativity-helps-you-stay-well.

第五章

1. 參見 Lisa M. Gerry, '10 Signs You're Burning Out – And What To Do About It', *Forbes* (1 April 2013).
2. 參見 Katie Forster, 'Third of UK workers experiencing anxiety, depression or stress, survey finds', *Independent* (6 July 2017), http://www.independent.co.uk/news/health/uk-workers-depression-stress-anxiety-survey-a7827656.html.
3. 參見同第四章注釋 7。
4. 參見 Jacquelyn Smith, 'Here's why workplace stress is costing employers $300 billion a year', Business Insider (6 June 2016), http://uk.businessinsider.com/how-stress-at-work-is-costing-employers-300-billion-a-year-2016-6?r=US&IR=T.
5. 參見 Peter Fleming, 'Do you work more than 39 hours a week? Your job could

7. 參見影片 'Caitlin Moran and Alex Kozloff', IAB UK, (14 Nov. 2016), https://www.youtube.com/watch?v=OxoRigaGaZI.
8. 參見 'Significant number of UK workers "considering setting up a side business"', Liles Morris Ltd (10 Oct. 2017), https://www.lilesmorris.co.uk/news/business-news/archive/article/2017/October/significant-number-of-uk-workers-considering-setting-up-a-side-business.
9. 參見 Joshua Sophy, 'More Than 1 in 4 Millennials Work a Side Hustle', *Small Business Trends* (20 July 2017), https://smallbiztrends.com/2017/07/millennialside-hustle-statistics.html.
10. 參見 Lydia Dishman, 'How The Gig Economy Will Change In 2017', *Fast Company* (5 Jan. 2017), https://www.fastcompany.com/3066905/how-the-gigeconomy-will-change-in-2017.
11. 參見 Catherine Baab-Muguira, 'Millennials are obsessed with side hustles because they're all we've got', Quartz (23 June 2016), https://qz.com/711773/millennials-are-obsessed-with-side-hustles-because-theyre-all-weve-got/.
12. 參見 Jayne Robinson can be found on Twitter and Instagram under the handle @JayneKitsch.

第四章

1. 參見 Mikel E. Belicove, 'A New Study Reveals the Power of First Impressions Online', *Entrepreneur* (14 Mar. 2012), https://www.entrepreneur.com/article/223150.
2. 參見 Clay Routledge PhD, 'On the Modern Self – An Interview with Will Storr', *Psychology Today* (19 Aug. 2017), https://www.psychologytoday.com/blog/more-mortal/201708/the-modern-self?amp.
3. 參見 Gwendolyn Parkin, 'How To Work The Workplace At Any Age', *Elle* (1 Nov 2017), https://www.pressreader.com/uk/elle-uk/20171101/284880890738782.
4. 參見 Elizabeth Segran, 'How Hiding Your True Self At Work Can Hurt Your Career', *Fast Company* (17 Sept. 2015), https://www.fastcompany.com/3051111/how-hiding-your-true-self-at-work-can-hurt-your-career.

thetimes.co.uk/magazine/style/interview-pharrell-williams-on-trump-s-america-and-his-adidas-collection-bxxc020jp.

35. 參見 Josh Bersin, 'The Future Of Work: It's Already Here–And Not As Scary As You Think', *Forbes* (21 Sept. 2016), https://www.forbes.com/sites/joshbersin/2016/09/21/the-future-of-work-its-already-here-and-not-as-scary-as-you-think/#2d692e64bf53.
36. 參見 Olivia Gagan, 'How Generation Rent Is Using Culture & Entertainment To Fight Back', Refi nery29 (6 Nov. 2017), http://www.refi nery29.uk/2017/11/178425/generation-rent-millennials-tv-fi lm-apartments-fl ats?utm_source=t.co&utm_medium=uktweet&unique_id=entry_178425.

第三章

1. 出自佛芮迪・哈瑞爾（Freddie Harrel）曾經撰寫於部落格的時尚哲學 "You are not only one person! But dozens, hundreds of personalities,"。參見 https://www.huffpost.com/entry/instagram-accounts-for-street-style-and-fashion_n_58b4970ce4b0a8a9b7855866.
2. 參見部落格 'The Future of Work is Here: The Skill Economy', Chase Jarvis (n.d.), http://www.chasejarvis.com/blog/the-future-of-work-is-here-the-skill-economy/.
3. 參見 *The Future of Work and Death* (2016), directed by Sean Blacknell and Wayne Walsh, http://www.imdb.com/title/tt5142784/.
4. 參見 Muhammad Yunus, quotation in Reid Hoffman and Ben Casnocha, *The Start-up of You*, London: Random House Business Books 2013 http://www.randomhouse.com/highschool/catalog/display.pperl?isbn=9780307888907&view=excerpt.
5. 參見 Side Hustle Nation, 'What is a side-hustle?' (13 May 2013) https://www.sidehustlenation.com/what-is-a-side-hustle/.
6. 參見 Kevin Roose, 'Survey says: 92 percent of software developers are men', Splinter(8 Apr. 2015), https://splinternews.com/survey-says-92-percent-of-softwaredevelopers-are-men-1793846921.

24. 參見 Emily Ramshaw, 'How Phillip Picardi Landed A Major Magazine Gig By The Age of 25', *Coveteur* (n.d.), http://coveteur.com/2016/08/18/desksidephillip-picardi-teen-vogue-digital-editorial-director/.
25. 參見 Ronald Alsop,'Why bosses won't "like" Generation Z', BBC (5 March 2015), http://www.bbc.com/capital/story/20150304-the-attention-defi citgeneration.
26. 參見 Charlie Kim, 'Maslow's Hierarchy of Needs: Updated', *Huffington Post*（6 Dec. 2017 更新）, https://www.huffi ngtonpost.com/charlie-kim/maslows-hierarchy-of-need_b_4235665.html.
27. 參見 Source: The College Board, Trends in Student Aid 2013. Calculations based on average per-student borrowing in 1980 and 2010. http://highline.huffingtonpost.com/articles/en/poor-millennials/.
28. 參見圖表 Kathleen Davis,'The Rise of Social Media as a Career', *Entrepreneur* (1 Oct. 2013), https://www.entrepreneur.com/article/228651.
29. 參見 Cathy Davidson, '65% of Future Jobs Haven't Been Invented Yet? Cathy Davidson Responds to Cathy Davidson and the BBC', HASTAC (31 May 2017), https://www.hastac.org/blogs/cathy-davidson/2017/05/31/65-future-jobs-havent-been-invented-yet-cathy-davidson-responds.
30. 參見 Kim Cassady, '3 Ways Technology Infl uences Generational Divides at Work', *Entrepreneur* (29 Mar. 2017), https://www.entrepreneur.com/article/290763.
31. 參見同第一章注釋 4。
32. 參見 Randstad and Future Workplace, *Gen Z and Millennials collide at work* [report], (n.d.), http://experts.randstadusa.com/hubfs/Randstad_GenZ_Millennials_Collide_Report.pdf.
33. 參見 Alina Dizik, 'The next generation of jobs won't be made up of professions', BBC (24 Apr. 2017), http://www.bbc.com/capital/story/20170424-the-nextgeneration-of-jobs-wont-be-made-up-of-professions.
34. 參見 Sophie Heawood, 'Interview: Pharrell Williams On Trump's America And His Adidas Collection', *The Sunday Times* (13 Aug. 2017), https://www.

13. 參見 Hannah Furness, 'Rise of the "social seniors" as number of over-75s on Facebook doubles', *Daily Telegraph* (14 June 2017), http://www.telegraph.co.uk/news/2017/06/14/rise-social-seniors-number-over-75s-facebookdoubles/.

14. 參見 Georgina Fuller, 'The generation of slashie employees', AAT Comment (20 Feb 2017), http://www.aatcomment.org.uk/the-generation-of-slashieemployees/.

15. 參見 Jean M. Twenge, 'Have Smartphones Destroyed a Generation?', *The Atlantic* (3 Aug. 2017), https://www.theatlantic.com/amp/article/534198/.

16. 參見 2018 Edelman Trust Barometer, https://www.edelman.com/trustbarometer.

17. 參見 Yuval Noah Harari,'The meaning of life in a world without work', *Guardian* (8 May 2017), https://www.theguardian.com/technology/2017/may/08/virtual-reality-religion-robots-sapiens-book.

18. 參見 Bruce Daisley,'Ease off those emails and smartphones when you're at work, says Twitter boss', *The Times* (29 Sep. 2017), https://www.thetimes.co.uk/article/ease-off-those-emails-and-smartphones-when-youre-at-work-says-twitter-bossw6dg6kdxg.

19. 參見 Michael Smolensky and Lynne Lamberg, The Body Clock Guide to Better Health, NASW (n.d.), https://www.nasw.org/users/llamberg/larkowl.htm.

20. 參見 Jonathan Chew,'Why Millennials Would Take a $7,600 Pay Cut For a New Job', *Fortune* (8 Apr. 2016), fortune.com/2016/04/08/fi delity-millennialstudy-career/.

21. 參見 Rebecca Greenfi eld, 'The offi ce hierarchy is offi cially dead', *Sydney Morning Herald* (4 Mar. 2016), http://www.smh.com.au/business/workplace-relations/the-office-hierarchy-is-officially-dead-20160303-gna5o6.html.

22. 參見 Aaron Dignan, 'The Org Chart Is Dead', Medium (27 Feb. 2016), https://medium.com/the-ready/the-org-chart-is-dead-e1d76eca9ce0.

23. 參見 Zainab Mudallal, 'Airbnb will soon be booking more rooms than the world's largest hotel chains', Quartz (20 Jan. 2015), https://qz.com/329735/airbnb-will-soon-be-booking-more-rooms-than-the-worlds-largest-hotelchains/.

leading-the-four-generations-at-work.aspx.

3. 參見 Sally Kane, 'Common Characteristics of the Silent Generation', *The Balance* (updated 16 Oct. 2017), https://www.thebalance.com/workplacecharacteristics-silent-generation-2164692.
4. 參見維基百科：Generation Z（最後編輯時間 28 Feb. 2018）, https://en.wikipedia.org/wiki/Generation_Z.
5. 參見 Pip Wilson, 'Why Technology Is Key To Workplace Diversity', *Huffington Post*（3 Mar. 2018 更新）, http://www.huffi ngtonpost.co.uk/pip-wilson/whytechnology-is-key-to-_b_15080720.html.
6. 出自維基語錄：George Orwell（最後編輯時間 8 April 2018）, https://en.wikiquote.org/wiki/George_Orwell.
7. 參見 William Cummings, 'The malignant myth of the Millennial', *USA Today* (11 May 2017), https://www.usatoday.com/story/news/nation/2017/05/11/millennial-myth/100982920/.
8. 參見 Jared Lindzon, 'The Problem With Generational Stereotypes At Work', *Fast Company* (23 Mar. 2016), https://www.fastcompany.com/3057905/the-problem-with-generational-stereotypes-at-work.
9. 參見 Rt Hon Esther McVey MP, 'Employers, Need To Wake Up To Urgent Labour Market Challenges', *theHRDIRECTOR* (23 Oct. 2017), https://www.thehrdirector.com/business-news/employment/employers-labour-market-challenges/.
10. 參見 Chris Smyth, 'Work-shy millennials add to NHS staff pain' *The Times* (14. Dec. 2017), https://www.thetimes.co.uk/article/work-shy-millennialsadd-to-nhs-staff-pain-md2cp3ndc,
11. 參見 Beth Snyder Bulik, 'Boomers – Yes, Boomers – Spend The Most On Tech', *Ad Age* (11 Oct. 2010), http://adage.com/article/digital/consumer-electronicsbaby-boomers-spend-tech/146391/.
12. 參見 Patrick Foster, 'One in four over-65s use social media, after massive risein "Instagrans"', *Daily Telegraph* (4 Aug 2016), http://www.telegraph.co.uk/news/2016/08/04/one-in-four-over-65s-use-social-media-after-massive-rise-in-inst/

9. 參見 Vicky Spratt, 'Ask An Adult: Why Can't I Concentrate In An Open Plan Office?' (12 April 2016), https://thedebrief.co.uk/news/real-life/ask-adult-cantconcentrate-open-plan-offi ce/.
10. 參見 William Belk, '58% of high-performance employees say they need more quiet work spaces', CNBC (last updated 16 March 2017), https://www.cnbc.com/2017/03/15/58-of-high-performance-employees-say-they-need-more-quietwork-spaces.html.
11. 參見 Paul Robertson, 'Open plan offi ces are a health and productivity risk-Canada Life', *Cover* (14 May 2014), https://www.covermagazine.co.uk/cover/news/2344756/open-plan-offices-are-a-health-and-productivity-riskcanada-life%20.
12. 參見 Donna Ballman, 'Late To Work? These Excuses Could Get You Fired', *Huffington Post* (27 Aug. 2012), http://www.huffi ngtonpost.com/2012/08/27/late-to-work-these-excuse_n_1833155.html.
13. 參見 Justin McCurry, 'Clocking off: Japan calls time on long-hours work culture', *Guardian* (22 Feb. 2015), https://www.theguardian.com/world/2015/feb/22/japan-long-hours-work-culture-overwork-paid-holiday-law.
14. 參見 Steve Chao and Liz Gooch, 'The country with the world's worst drink problem', Al Jazeera (7 Feb. 2016), http://www.aljazeera.com/indepth/features/2016/02/country-world-worst-drink-problem-160202120308308.html.
15. 參見 Natalie Sisson, '[245] The Traditional Workplace Is Coming To An End' [podcast], The Suitcase Entrepreneur (11 Mar. 2016), https://suitcaseentrepreneur.com/traditional-workplace-coming-end/.

第二章

1. 參見 John Mauldin, 'Generational Chaos Ahead', Mauldin Economics (19 June 2016), http://www.mauldineconomics.com/frontlinethoughts/generationalchaos-ahead.
2. 參見 American Management Association, 'Leading the Four Generations at Work' (accessed 18 April 2018), http://www.amanet.org/training/articles/

(22 Aug. 2017), https://www.bloomberg.com/news/articles/2017-08-21/people-start-hating-their-jobs-at-age-35.

第一章

1. 參見 'Oxford Living Dictionary' https://en.oxforddictionaries.com/defi nition/success.
2. 出自 Sheryl Sandberg, *Lean In*, London: WH Allen, 2014.
3. 參見 Kara Melchers, 'Why choose the career ladder when there's a climbing frame?', *It's Nice That* (7 Nov. 2017), https://www.itsnicethat.com/articles/creative-passion-projects-becoming-your-full-time-job-opinion-071117.
4. 參見 Gemma Askham, 'Forget the career ladder – here's how to get ahead at work (without being a #girlboss)', *Glamour* (4 Sept. 2017), http://www.glamourmagazine.co.uk/article/how-to-get-ahead-at-work.
5. 參見 Vicki Salemi, '76% of American workers say they get the "Sunday night blues"', Monster (n.d.), https://www.monster.com/career-advice/article/its-time-to-eliminate-sunday-night-blues-0602.
6. 參見 Mike Russell, 'UK Podcast Statistics', New Media Europe (25 Apr. 2017), https://newmediaeurope.com/uk-podcast-statistics/.
7. 參見 Elaine Welteroth, (14 Jan. 2018), 'When I moved to New York City...', Instagram, https://www.instagram.com/p/Bd76UOXFo1T/?hl=en&taken-by=elainewelteroth.
8. 參見 Neville Hobson, 'Why the gig economy fi ts well with the lives of Baby Boomers', Blog, https://www.nevillehobson.com/2017/06/26/gig-economybaby-boomers/.

注釋

前言

1. 參見 Carolyn Gregoire, 'YouProbably Use Your Smartphone More Than You Think', *Huffi ngton Post*（最後修改日期：5 Nov. 2015）, http://www.huffingtonpost.co.uk/entry/smartphone-usage-estimates_us_5637687de4b063179912dc96.
2. 參見 Thomas Costello, 'How to pursue your passion and launch a Side Hustle', GoDaddy（10 Apr. 2017）, https://uk.godaddy.com/blog/pursue-passion-launchside-hustle/.
3. 參見 Ben Chapman, 'UK workers are 27% less productive than German counterparts, say British business leaders', *Independent* (11 July 2017), http://www.independent.co.uk/news/business/news/uk-workers-less-productivegermany-business-france-american-sir-charlie-mayfield-john-lewis-bethe-a7834921.html.
4. 參見圖表 'You waste a lot of time at work', Atlassian (n.d.), https://www.atlassian.com/time-wasting-at-work-infographic.
5. 參見 Telegraph reporter, 'Workers'after-hours emails cancel out entire annual leave allowance', *Daily Telegraph* (12 Jan. 2016), http://www.telegraph.co.uk/news/newstopics/howaboutthat/12094025/Workers-after-hours-emails-cancelout-entire-annual-leave-allowance.html.
6. 參見 Sebastian Mann, 'Nearly 80 per cent of London workers unhappy in their jobs', *Evening Standard* (19 Jan. 2016), https://www.standard.co.uk/news/london/nearly-80-per-cent-of-london-workers-unhappy-in-their-jobs-a3159656.html.
7. 參見 Chris Stokel-Walker, 'People Start Hating Their Jobs at Age 35', Bloomberg

不上班賺更多：複合式職涯創造自主人生，生活不將就、工時變自由／艾瑪．甘儂（Emma Gannon）著；趙睿音譯. -- 一版. -- 臺北市：時報文化，2019.09
336面；14.8×21公分. --（NEXT叢書；260）
譯自：The multi-hyphen method : work less, create more, and design a career that works for you
ISBN 978-957-13-7878-7（平裝）
1.職場成功法
494.35 108010887

THE MULTI-HYPHEN METHOD BY EMMA GANNON

ISBN 978-957-13-7878-7
Printed in Taiwan.

NEXT叢書260

不上班賺更多——
複合式職涯創造自主人生，生活不將就、工時變自由

The Multi-Hyphen Method: Work less, create more, and design a career that works for you

作者　艾瑪．甘儂 Emma Gannon｜**譯者**　趙睿音｜**主編**　陳家仁｜**企劃編輯**　李雅蓁
封面設計　FE設計｜**內頁排版**　藍天圖物宣字社｜**企劃副理**　陳秋雯｜**第一編輯部總監**　蘇清霖｜**董事長**　趙政岷｜**出版者**　時報文化出版企業股份有限公司　10803台北市和平西路三段240號4樓｜**發行專線**（02）2306-6842｜**讀者服務專線**　0800-231-705．（02）2304-7103｜**讀者服務傳真**（02）2304-6858｜**郵撥**　19344724時報文化出版公司｜**信箱**　台北郵政79-99信箱｜**時報悅讀網**　http://www.readingtimes.com.tw｜**法律顧問**　理律法律事務所 陳長文律師、李念祖律師｜**印刷**　勁達印刷有限公司｜**初版一刷**　2019年9月20日｜**定價**　新台幣380元｜

時報文化出版公司成立於一九七五年，並於一九九九年股票上櫃公開發行，
於二〇〇八年脫離中時集團非屬旺中，以「尊重智慧與創意的文化事業」為信念。